Sobre os Ombros de Gigantes

Alexandre Cherman

Sobre os Ombros de Gigantes

Uma história da física

Jorge Zahar Editor
Rio de Janeiro

rua México 31 sobreloja
20031-144 Rio de Janeiro, RJ
tel.: (21) 2240-0226 / fax: (21) 2262-5123
e-mail: jze@zahar.com.br
site: www.zahar.com.br

Projeto gráfico e diagramação: Victoria Rabello
Ilustrações: Imagine Comunicação Audiovisual
Capa: Sérgio Campante

CIP-Brasil. Catalogação-na-fonte
Sindicato Nacional dos Editores de Livros, RJ.

Cherman, Alexandre
C449s Sobre os ombros de gigantes : uma história da física / Alexandre Cherman. – Rio de Janeiro : Jorge Zahar Ed., 2004

Apêndice: O sistema internacional
Inclui bibliografia
ISBN 85-7110-759-9

1. Física – História. I. Título.

CDD 530
03-2420 CDU 53

Para meus pais. E para Angélica. Sempre.

Sumário

Apresentação

No final de 1953 e começo de 1954, quando me preparava para o vestibular do curso de engenharia civil na então Escola de Engenharia do Pará, comecei a perceber a existência de outros físicos e matemáticos — além dos conhecidíssimos Galileu, Newton, Tales e Pitágoras, que deram contribuições importantes para o crescimento da física e da matemática. Fiquei encantado, por exemplo, quando um colega meu, o Adriano, do então curso científico do Colégio Estadual Paes de Carvalho (o lendário CEPC de minha cidade natal, Belém do Pará), me falou que a famosa fórmula para calcular as raízes de uma equação algébrica do segundo grau era conhecida como a fórmula de Bhaskara — um matemático alexandrino, como vim a saber muitos anos depois, quando iniciei minha saga de "cronista da física".

Ainda por ocasião daquela preparação, ao estudar matemática, provavelmente no livro do brasileiro Jácomo Stávale, vi a importância do matemático francês François Viète em vários ramos daquela matéria. A constatação de que existiam "ombros de gigantes" sobre os quais subiam os célebres físicos e matemáticos dos livros-textos foi por mim consolidada à medida que fui escrevendo as *Crônicas* (seis tomos) e os *Nascimentos da física* (dois tomos), editados pela Universidade Federal do Pará (UFPA) a partir de 1987. São livros de caráter didático-complementar ao estudo da física e têm sido lidos por alunos e professores brasileiros, portugueses e mexicanos.

A existência de "ombros de gigantes" como plataforma para uma visão melhor da física acaba de receber uma extensão para o grande público: *Sobre os ombros de gigantes*, do astrônomo carioca Alexandre Cherman. Por sinal o autor já havia feito esse mesmo tipo de extensão voltada para o entendimento da cosmologia no livro *Cosmo-o-quê: uma introdução à cosmologia* (Fundação Planetário, 2000).

Neste livro que tenho o privilégio de apresentar ao público brasileiro, após conceituar a física como "o mundo e as leis que o regulam", Cherman apresenta de maneira clara, precisa e agradável uma visão histórico-filosófico-conceitual da física. Desde as primeiras idéias sobre como eram os planetas e de que maneira se movimentam os corpos no Universo, passando pela grande síntese newtoniana dessas idéias. E também pelo entendimento clássico da vida cotidiana relacionado à luz, à eletricidade, ao magnetismo, ao eletromagnetismo, à relatividade e ao calor. Em seguida mostra a ligação desses entendimentos com o indivíduo. E como eles sofreram uma mudança de paradigma a partir das revolucionárias contribuições de Planck e de Einstein, que levaram à mecânica quântica e seus desdobramentos: a eletrodinâmica e a cromodinâmica quânticas. Por fim, Cherman apresenta de maneira sucinta e objetiva as idéias físicas (simetria e supersimetria, cordas e supercordas, supergravidade, dualidades e branas) marcantes para o século XXI, incorporadas na revolucionária "teoria M", "teoria de tudo", ou "teoria final" (Weinberg). Segundo alguns de seus idealizadores (Duff, Green, Kaku, Polchinski, Schwarz, Vafa, Veneziano, Witten etc.) essa teoria irá realizar o velho sonho de Galileu, Newton, Faraday, Maxwell e Einstein: a unificação das forças da natureza!

Cherman complementa seu texto apresentando um apêndice intitulado "O Sistema Internacional", a fim de realçar que os conceitos físicos por ele trabalhados no livro só têm significado se receberem um número, na forma dimensional, para ser comparado a outro número, decorrente da interação entre homem e natureza: o experimento.

Belém, outubro de 2003

JOSÉ MARIA FILARDO BASSALO (www.bassalo.com.br)
Professor titular do Departamento de Física, UFPA

1 | O que é física?

> *física*. [Do grego *physiké*, "a ciência das coisas naturais", pelo latim *physica*.] *S.f.* 1.Ciência de conteúdo vasto e fronteiras não muito definidas, que investiga as propriedades dos campos, as interações entre os campos de força e os meios materiais, as propriedades e a estrutura dos sistemas materiais, e as leis fundamentais do comportamento dos campos e dos sistemas materiais.
>
> DICIONÁRIO AURÉLIO

Física é o estudo da natureza. Pelo menos foi assim que os antigos gregos definiram a palavra, embora o que eles fizessem na época dificilmente pudesse ser classificado como física, no sentido moderno do termo.

Ernest Rutherford, o descobridor do núcleo atômico, enfatizava bem esse ponto de vista, ao afirmar que "só há dois tipos de ciência: a física e a filatelia".[1] Com isso queria dizer que uma ciência que não se importe com as causas, não investigue a fundo o porquê de certos acontecimentos, que apenas analise os como, onde e quando, nada mais é do que filatelia. Apenas coleciona dados, sem se preocupar muito com o significado que eles têm.[2]

Um admirador da natureza, por exemplo, pode gastar horas e horas num jardim botânico, contemplando as diferentes formas das plantas, os frutos, as folhas e as sementes. É capaz de criar categorias, de dividir o mundo vegetal em segmentos, inventar famílias de plantas que apresentem características semelhantes. Mas será que só por isso estaria mais próximo de um real entendimento de por que as plantas são como são, do que as torna tão eficientes e importantes para o equilíbrio ecológico de nosso planeta? Acho que não.

---

[1] Acho que minha tradução perde um pouco da força da citação original: "*All science is either Physics or stamp collecting.*"

[2] Ironicamente Rutherford foi agraciado com o prêmio Nobel de Química. Falaremos mais sobre ele quando tratarmos da mecânica quântica, no capítulo 9.

Eu poderia citar exemplos em geologia, zoologia, medicina, astronomia, biologia, química, meteorologia e, claro, na própria física. Em seus primórdios, todas essas ciências começaram como um valente exercício de filatelia, isto é, de classificação de tipos e características marcantes. Na evolução do conhecimento humano, contudo, em algum momento, qualquer uma delas precisou se embrenhar atrás das causas daquela caracterização diversa e já tão bem catalogada. Necessitou entender, afinal, por que existem elementos distintos na natureza; por que determinados remédios curam certas doenças; por que as rochas são diferentes em determinadas regiões; por que as estrelas têm diferentes cores; por que há furacões em alguns lugares e vulcões em outros. Nesse instante, essa ciência, seja ela qual for, passou a dar as mãos à física. Mas afinal o que é a física?

A definição que abre este capítulo é bastante ampla e genérica. E é muito bom que seja desse modo, pois à medida que a ciência vai avançando, descobertas são feitas, e as tais "fronteiras não muito definidas" da explicação vão se alargando, embora nunca se definam de fato.

Ainda assim, o relacionamento que a maioria das pessoas tem com essa ciência é de distanciamento respeitoso, quando não de pânico ou ódio. Não possuo dados para analisar a razão desse comportamento, mas acredito que ele pode ser atribuído à excessiva fragmentação do ensino médio, no qual grande parte da população tem seu primeiro contato com as "ciências pétreas".[3] Essa fragmentação, por falta de termo melhor, significa que os alunos estudam física na aula de física, matemática na aula de matemática, biologia na aula de biologia, e por aí vai. Sei que é impossível uma "universalização" do ensino em grande escala, uma abordagem global e abrangente sobre a natureza e tudo o que nos cerca, mas não devemos também pecar pela exclusão de elementos de uma disciplina no conteúdo de outra.

Assim, retirada de seu contexto mais amplo (e belo), a física de nossa infância (ou adolescência) torna-se algo árido e penoso, uma sucessão de regras pouco claras e bem distantes do nosso dia-a-dia. Uma sucessão de planos inclinados, pêndulos, giroscópios, circuitos elétricos, transformações adiabáticas e o que mais houver nos livros de colégio, tudo isso vai afastando as pessoas da beleza de que trata a física.

Aliás, esse não é um privilégio da física. De minha parte, sofri muito com as aulas de literatura. Eu congelava com aqueles exercícios típicos de vestibular, nos quais tínhamos que ler um trecho de alguma obra — sem saber qual — e

---

[3] Tradução sugerida por Fábio Moraes para a expressão *hard sciences*, termo comum e corrente (ainda que talvez injusto) que designa as ciências exatas e biológicas, em oposição às ciências humanas.

identificar o movimento literário a que pertencia o autor. Por que não podíamos simplesmente ler os livros e apreciá-los pelo que eram?

Em minha defesa tenho ao menos o fato de que a física é uma matéria exata. A literatura, por outro lado, depende muito da "voz" que ouvimos em nossas mentes quando estamos lendo um ou outro texto. A mesma frase pode ser dita com diferentes entonações. As leis físicas, não.

Reconheço que faço parte de uma minoria: a das pessoas que gostam de física. (Imagino que compartilhamos tal gosto, eu e você, leitor, pelo simples fato de você estar lendo este livro.) Dentro dessa minoria faço parte de um grupo ainda menor: o dos que não têm pudor em anunciar seu gosto. Para minha tristeza, contudo, somos apenas isso: uma minoria. Se formos perguntar por aí o que é física, um bom número de pessoas talvez declame uma ou duas fórmulas, cite dois ou três nomes famosos, e só.

O maior problema desse pessoal é acreditar que a física é feita de fórmulas. A matemática é apenas a linguagem com a qual falamos com o mundo e com a natureza, mas de forma alguma ela *é* o mundo e a natureza.[4] Reduzir a física às fórmulas matemáticas é como reduzir um idioma às suas palavras. Um dicionário — que teoricamente contém todas as palavras de uma língua — não é o idioma.

Reconheço que muitos físicos têm um apego excessivo pelas suas equações, muitas das quais bastante complicadas, e deixam de lado os princípios naturais que elas expressam. Se a função do físico é entender o mundo — e para isso ele não pode abrir mão das complicadas fórmulas matemáticas —, cabe também a ele o trabalho de tradutor: transformar esse conhecimento específico altamente qualificado em algo que possa ser expresso em "língua de gente", seja na nossa linguagem do dia-a-dia, seja na própria matemática, só que acessível para muitos.

Leon Lederman, físico norte-americano que por muitos anos dirigiu o Fermilab,[5] nos arredores de Chicago, costuma dizer que, "se um conceito é grande demais para caber na estampa de uma camiseta, provavelmente está errado". Leon Lederman — falaremos bastante sobre ele no capítulo 9 — ganhou o prêmio Nobel de Física em 1988. Richard Feynman, ganhador do Nobel de 1965, também gostava de resumir suas idéias em frases de efeito e costumava encerrar a polêmica dizendo que "a física está para a matemática assim como o sexo está

---

[4] Antes que algum matemático atire a primeira pedra, lembro que essas são palavras de Galileu, e não minhas: "A matemática é a linguagem da natureza."

[5] Fermilab é a abreviação de *Fermi National Accelerator Laboratory* (Laboratório Acelerador Nacional Fermi), instituição norte-americana que abriga alguns dos mais potentes aceleradores de partícula do planeta. Sua sede é em Batavia, no estado de Illinois.

para a masturbação". Também falaremos mais sobre essa figura agradável mais adiante.

Encerremos também esse assunto, concordando que física não é matemática, mas o entendimento da natureza e de seus fenômenos — que muitas vezes são melhor compreendidos com o auxílio da matemática. A física dos dias atuais, por exemplo, se apóia firmemente na matemática. Por isso os físicos e os cientistas de um modo geral têm se transformado numa "casta" estranha à sociedade, um grupo que fala idiomas estranhos e sabe coisas diferentes. O distanciamento entre os "comuns mortais" e os cientistas reconstrói de certo modo a figura mítica de magos, bruxas e pajés. Grande parte dos resultados produzidos pelos avanços tecnológicos da ciência moderna é usada por muitos e compreendida por poucos. Nesse panorama, o físico pode se sentir especial, ao vislumbrar uma beleza secreta no mundo.

Não é saudável romancear a função do físico como a de um admirador privilegiado das belezas do Universo, um conhecedor requintado que está acima dos outros. Mas também não é justo alimentar o estereótipo do cientista amalucado e distraído que sabe do que é feito o átomo, mas é incapaz de se lembrar o que comeu no almoço. Como em qualquer outra carreira, há tipos e tipos de físico.

Mas são essas as pessoas que constroem a ciência em questão. Examinando-os e às suas conquistas, embarcaremos numa viagem que nos levará por diferentes eras do conhecimento, acompanhando a evolução de nossa espécie, desde os animais medrosos e isolados nas cavernas obscuras até senhores irresponsáveis de um planeta inteiro. A história da física é a própria história da humanidade.

Completando o círculo, perguntemos novamente: "O que é física?" A física é o mundo e as leis que o regulam. Falar dela é falar de tudo. Então, falemos de física.

2 Os primórdios

A Natureza ama se esconder.
HERÁCLITO

A física antes da física

É impossível dizer quando a física começou na história da nossa espécie, mas certamente foi na pré-história. Antes da linguagem escrita, da agricultura, talvez antes mesmo das primeiras organizações sociais, o homem primitivo já fazia física. Claro que ele não lhe dava esse nome e nem sabia direito o que estava fazendo.

O domínio do fogo, ponto crucial para o surgimento do que hoje entendemos como mundo civilizado, foi a primeira experiência física a causar impacto sobre os grupamentos humanos — e isso antes mesmo de existir sociedade propriamente organizada. Nossos antepassados descobriram que o atrito gerava calor sem ter gasto uma noite sequer ponderando sobre forças dissipativas. Inventaram também a roda, o arado e o calendário. Cada passo rumo à sociedade tal como a conhecemos era revestido de significado físico, embora os inventores e descobridores pouco se importassem com isso. Por volta do ano 5000 AEC,[1] graças a essas conquistas, a produção de alimentos aumentou, tornando possível a vida em centros urbanos. Se, antes, cada família era responsável por cultivar (ou encontrar) seu próprio alimento, agora, agricultores eficientes produziam mais do que seu grupo familiar necessitava, favorecendo a aglomeração humana e o surgimento das primeiras cidades, na região onde hoje fica o Iraque.

Com a criação e o conseqüente crescimento das cidades, a física tornou-se parte do cotidiano, sob a forma de uma engenharia primitiva de construção de casas, utensílios domésticos e ferramentas em geral. A engenharia, afinal de con-

[1] AEC é a abreviação de "antes da Era Comum", notação que vem substituindo o mais usual a.C. (antes de Cristo). O marco zero da Era Comum é o mesmo da Era Cristã. Como hoje sabemos que a data do nascimento de Jesus Cristo foi calculada com erro pelos primeiros cronologistas, se continuássemos usando as expressões "antes de Cristo" e "depois de Cristo", acabaríamos escrevendo frases aparentemente absurdas, como, por exemplo, "Jesus Cristo nasceu no ano 7 antes de Cristo". Neste livro, quando as datas não foram seguidas pelas letras AEC, isso significa que elas já pertencem à Era Comum.

tas, nada mais é do que a física aplicada,[2] e o desenvolvimento das cidades foi seu grande propulsor. Mas ainda estávamos longe daquilo que costumamos entender por física: o estudo das leis que regem o mundo.

Foi na mesma época que teve início a astronomia, de forma ainda parecida com aquela "filatelia" definida por Ernest Rutherford. Os sumérios foram o primeiro povo a observar sistematicamente o céu. Eles construíram um calendário astronômico, reconheceram a existência de astros distintos das estrelas (os planetas) e acompanharam os movimentos da Lua e do Sol no firmamento. Nesse tempo, ancorados por um forte sentimento místico, os observadores do céu começaram a fazer previsões a respeito do mundo e da vida das pessoas. Nascia assim a astrologia.[3]

Os grandes focos de civilização daquela época foram a Mesopotâmia (Suméria e Acádia), a China, a Índia e um incipiente Egito. Todos esses povos explicavam o surgimento do mundo com base no pensamento religioso, mais especificamente nos mitos.

Há indícios, no entanto, de que chineses e indianos realizaram algum tipo de estudo voltado para a natureza. Pouco restou dos trabalhos desses dois povos. Mas, a julgar pelo que chegou até agora (especialmente do conhecimento astronômico dos chineses), pode-se imaginar o quanto eles se esforçaram para entender os fenômenos naturais do mundo que os cercava.

Tales e o mundo grego

Para efeitos práticos, foram os gregos que deram início ao estudo da natureza. No começo surgiram os poetas, como Homero (autor da *Ilíada* e da *Odisséia*) e Hesíodo (autor da *Teogonia*), que já faziam alusão em suas obras à origem do mundo. Para o primeiro, tudo surgira a partir do grande deus Oceano; para o segundo, o mundo seria originário do Caos. Depois deles vieram os sofistas, que, de sábios, logo se transformaram em impostores, pela fraqueza de seus argumentos. A ciência grega *grosso modo* apoiava-se muito mais em argumentos lógicos e pensamentos belos do que em experiências práticas.[4]

---

[2] Devo essa frase de efeito a meu irmão, André Luis, que é engenheiro.

[3] Uma discussão sobre a astrologia não cabe neste livro, mas não creio que ela seja uma ciência por si mesma. Como bom cientista, acredito que existam fenômenos ainda inexplicáveis e que devem ser estudados. Mas as investigações devem ser feitas com a neutralidade necessária para que os resultados sejam válidos. Do ponto de vista astrofísico, porém, a única "energia" que os astros emitem são a radiação eletromagnética e o campo gravitacional.

[4] Convém lembrar que o método científico — que inclui a experimentação como um dos fundamentos da ciência — ainda não tinha se desenvolvido.

Em seguida vieram os filósofos, "amantes da sabedoria". O primeiro foi Tales de Mileto (624-546 AEC), que reconhecia na água a matéria-prima de tudo o que existia no Universo. Para ele, a Terra (plana) flutuava sobre um oceano infinito. Nesse aspecto Tales reforçava as idéias do poeta Homero. É dele também a primeira constatação de um curioso fenômeno elétrico. Ao esfregar repetidas vezes um bastão de âmbar contra um pedaço de lã, percebeu que objetos pequenos e leves eram atraídos pelo bastão. Hoje sabemos muito bem como explicar esse fenômeno: a lã "rouba" elétrons do bastão, que fica eletricamente carregado e atrai outros objetos, tentando "roubar-lhes" elétrons. É claro que Tales não sabia disso. A palavra grega para âmbar é *elektron*, e os "fenômenos do âmbar" passaram a se chamar eletricidade.

Tales também foi o primeiro a deixar registrado que certas rochas naturalmente exercem atração sobre pedaços de ferro. Hoje conhecidas como magnetita, sua composição química é Fe_3O_4 (três átomos de ferro e quatro de oxigênio). Para Tales, eram rochas dignas de nota e foram batizadas com o nome da região onde eram abundantemente encontradas: a Tessália. (Parte da Tessália, ao longo da costa do mar Egeu, era conhecida em tempos antigos como Magnésia; muito provavelmente esta é a origem da palavra magnetismo).

A astronomia foi outro ramo do conhecimento para o qual Tales trouxe contribuições significativas. Ele foi o primeiro filósofo grego a calcular o intervalo de tempo entre um solstício e outro igual, ou seja, a duração de um ano astronômico. Também foi capaz de prever um eclipse do Sol, além de ter ensinado aos gregos como navegar pelas estrelas, como faziam os fenícios.

A natureza das coisas

A figura quase mitológica de Tales de Mileto abriu caminho para os filósofos posteriores. Alguns deles se entregaram aos mistérios da matemática, outros se dedicaram aos problemas de astronomia, e muitos se concentraram no mistério acerca da natureza das coisas.

Tales havia enunciado aquilo que se considera o primeiro princípio físico — "tudo é água" —, dando um importante passo rumo ao entendimento do mundo. Seguindo a idéia de que existia uma única matéria-prima para todas as coisas existentes, Anaximandro (c.610-c.545 AEC), também de Mileto, defendia que o princípio do mundo era uma substância que chamou infinito (*apeíron* em grego). Seu discípulo Anaxímenes (c.570-c.500 AEC) argumentava que o elemento universal era o ar. Naquela época foi cunhado o termo física (*physiké*), e podemos apontar esses dois filósofos como os primeiros físicos da história.

Anaximandro acreditava que a Terra tinha a forma de um cilindro. Anaxímenes somou a essa idéia suas próprias concepções do mundo, entre as quais a de que a Terra estava cercada por esferas concêntricas de diferentes tamanhos, que continham os astros.

É atribuída a Anaxímenes a primeira diferenciação formal entre estrela e planeta: a própria palavra planeta, em grego, quer dizer "estrela errante". Um planeta, na acepção primária do termo, era um objeto celeste que não ocupava uma posição constante no céu (em relação às estrelas do firmamento, denominadas "estrelas fixas"). Para os gregos, eram sete os planetas: Sol, Lua, Mercúrio, Vênus, Marte, Júpiter e Saturno. Os demais objetos celestes eram chamados de estrelas.

Anaximandro tinha ainda idéias muito interessantes sobre a origem do homem. Para ele, todas as criaturas, inclusive o homem, era descendente de outras espécies. Charles Darwin teria ficado orgulhoso com isso!

Ao contrário de Tales e dos físicos de Mileto, Xenofones de Cólofon (c.560-c.478 AEC) acreditava que a terra era matéria-prima do mundo, enquanto Heráclito de Éfeso (c.540-c.480 AEC) afirmava que era o fogo. Completava-se assim a lista dos quatro elementos que seriam a base de toda a física grega (água, ar, terra e fogo)[5] e sobreviveriam até o Renascimento (influenciando a alquimia, que daria origem à nossa química moderna).

Empédocles de Agrigento (c.490-c.430 AEC) reuniu todas essas idéias para criar seu princípio quaternário. Para ele, eram quatro os elementos que compunham o mundo, combinando-se de várias maneiras para formar todas as substâncias. A força que os unia era o amor (*philia*), e a que os repelia era o ódio (*neikos*).

A natureza das coisas do mundo continuou exercendo papel central nas idéias gregas com a ascensão dos pensamentos de Demócrito de Abdera (c.470-c.380 AEC) e Leucipo de Mileto (c.460-c.370 AEC). Esses dois filósofos postulavam a existência de uma partícula constitutiva de todas as coisas, batizando-a de átomo ("indivisível", em grego). Com isso inauguravam a escola atomista de pensamento. Segundo eles, existia apenas um único tipo de átomo, eterno e imperecível, que se combinava de modos diversos com seus semelhantes para dar origem às diferentes coisas do mundo. Apesar de atualmente sabermos que não há um único tipo de átomo, essa é a noção que mais se aproxima da realidade física tal como a conhecemos hoje.

A idéia do átomo foi magistralmente defendida pelo poeta romano Tito Lucrécio Caro em seu livro *A natureza das coisas*, publicado em 56 AEC: "Coisas

[5] Podem-se relacionar esses quatro elementos aos quatro estados da matéria: sólido (terra), líquido (água), gás (ar) e o plasma (fogo). Há um quinto estado, o condensado de Bose-Einstein, sobre o qual falaremos no capítulo 11.

que existem com solidez real, / Comprovamos que são os primeiros blocos constituintes de tudo, / E delas toda a natureza passa a existir."

Em nossa breve cronologia dos físicos gregos, Arístocles de Atenas (428-c.347 AEC) segue-se a Demócrito e Leucipo. Esse grande filósofo relacionou os quatro elementos de Empédocles a quatro dos cinco poliedros regulares descritos pelo matemático Pitágoras: o fogo estava ligado ao tetraedro; a terra, ao hexaedro; o ar, ao octaedro; e a água, ao icosaedro. O quinto poliedro, o dodecaedro, estava ligado ao Universo como um todo. Além de filósofo, Arístocles era também exímio atleta e entrou para a história com o apelido de Platão, que quer dizer "ombros largos".

Sólidos regulares

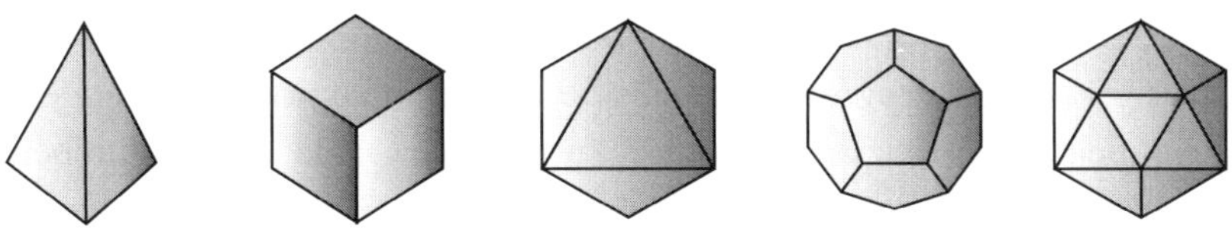

Sólidos regulares são aqueles formados por polígonos que têm todos os lados iguais. Há cinco sólidos regulares: tetraedro (formado por quatro triângulos equiláteros), cubo (seis quadrados), octaedro (oito triângulos eqüiláteros), dodecaedro (12 pentágonos) e icosaedro (20 triângulos eqüiláteros).

Aristóteles de Estagira (384-322 AEC), assim como Platão, acreditava no princípio quaternário do mundo. Porém seus elementos eram outros: frio, quente, seco e úmido. A mistura dessas essências produziria os elementos de Empédocles (por exemplo, o seco e o frio formavam a terra; o seco e o quente, o fogo). Aristóteles ressaltava ainda que os quatro elementos formavam as coisas da Terra e da Lua, enquanto o espaço celeste era composto por uma quinta-essência: o éter.[6]

Aristóteles e o movimento

Aristóteles foi o pensador grego que mais influenciou a física. Entre suas contribuições mais significativas estavam os estudos sobre o movimento, que suben-

[6] Surge aqui a divisão clara entre o mundo terrestre e o mundo celeste, da qual falaremos no próximo capítulo.

tendiam uma profunda compreensão da natureza do espaço e do tempo. O movimento pressupõe uma velocidade, que nada mais é do que uma distância percorrida num intervalo de tempo.

Havia na época duas grandes correntes de pensamento sobre a natureza do espaço e do tempo. Muitos filósofos acreditavam que se tratava de duas grandezas contínuas, ou seja, que poderiam ser divididas infinitas vezes. Outros alegavam que eram discretas, compostas por pequenos intervalos indivisíveis.

Pitágoras de Samos (c.560-c.480 AEC) não defendia nenhuma das duas idéias, e por isso mesmo ensinava ambas em sua academia. Para os que acreditavam no espaço e no tempo contínuos, Pitágoras dizia que também o movimento era contínuo. Já para os que acreditavam que eram grandezas discretas, Pitágoras explicava o movimento por meio de uma série de diminutos deslocamentos. Na verdade, ele concentrava os estudos de sua academia na matemática. Se, para Tales, tudo era água, o lema de Pitágoras era: "Tudo é número."

Talvez graças aos pitagóricos tenha sido descoberta a primeira grande verdade matemática: a existência dos números irracionais. Não é à toa também que devemos a Pitágoras o mais famoso teorema matemático — que, tenho certeza, até hoje assombra alguns ou muitos leitores.

Teorema de Pitágoras

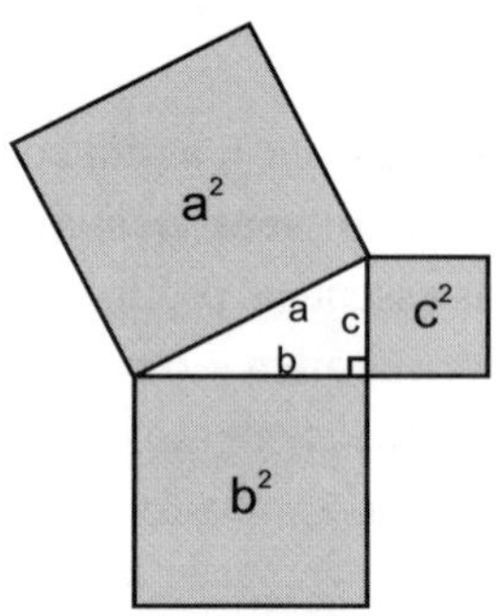

"O quadrado da hipotenusa é igual à soma dos quadrados dos catetos." Isso quer dizer que a área dos dois quadrados menores é igual à área do quadrado maior.

Os maiores defensores de um espaço e de um tempo discretos eram Parmênides (c.515-c.450 AEC) e seu discípulo Zenão (c.500-c.450 AEC), ambos da cidade de Eléia, na atual Itália, que argumentavam com base na lógica do movimento. Zenão chegou até a construir uma série de paradoxos defendendo as idéias de seu mestre.

Aquiles e a tartaruga

O mais famoso paradoxo de Zenão é popularmente conhecido como "Aquiles e a tartaruga". Nesse pequeno experimento mental, o herói grego disputava uma corrida com uma tartaruga, que saía primeiro. Depois de um certo tempo, Aquiles partia em seu encalço. Antes de ultrapassar a tartaruga, ele tinha que alcançar o ponto em que ela estava no momento de sua partida. Enquanto fazia isso, a tartaruga, é claro, se afastava mais um pouco. Repetindo esse processo ao infinito, o pobre herói jamais conseguiria ultrapassar o animal.

Quando o homem começa a correr, a tartaruga já está à sua frente. Quando o corredor atinge a posição inicial da tartaruga, ela já se moveu. Isso se repete indefinidamente, de modo que o homem sempre se aproxima da tartaruga, mas jamais a alcança.

A elegância dos paradoxos de Zenão era inegável, mas eles mostravam algo inconcebível — que era impossível haver movimento. Esse problema confundiu e confunde até hoje muitos filósofos e físicos e foi duramente atacado por Aristóteles. Para ele, além de possível, o movimento era o âmago do Universo. O que não estava em movimento apenas não se movia circunstancialmente, conservando sempre a potencialidade de se movimentar. Em suas próprias palavras, na abertura do livro III de *Física*: "A Natureza é um princípio de movimento e de mudança e é objetivo de nossas indagações. Devemos portanto estar certos de que entendemos o que é o movimento, pois, se não sabemos isso, também não saberemos o que é a Natureza."

A partir daí Aristóteles discorria sobre os diferentes tipos de movimento e culminava postulando um princípio dinâmico: "Todo móvel é movido por um motor." Mas ele errou ao ignorar a existência da inércia (noção que só seria consolidada por Galileu Galilei, muitos séculos depois), admitindo que a falência do motor fazia cessar instantaneamente o movimento. Ainda acreditava que os corpos pesados caíam mais rapidamente que os mais leves.

A visão aristotélica a respeito do movimento (e, conseqüentemente, a admissão de um espaço e de um tempo contínuos) ofuscou as idéias dos eleatas e tornou-se um paradigma científico. Até hoje existem problemas que podem ser resolvidos de acordo com a física aristotélica.

Micronatação

Se um submarino desliga o motor, ele ainda continua em movimento por algum tempo, pela inércia. Se imaginarmos que está navegando num mar de melado de cana, a distância que irá percorrer depois de desligados os motores será bem menor, porque há maior resistência do material.

Para os microorganismos, é como se a água fosse melado de cana (mais resistente até). Para se locomover de um lado para o outro (a micronatação), eles precisam estar sempre se contorcendo, balançando os cílios ou as membranas. Assim que param, o movimento cessa. No mundo microscópico dessas criaturas vale o conceito aristotélico de ausência de inércia.

Os gregos e a luz

Aristóteles e Empédocles concordavam com o "princípio quaternário" do mundo, ainda que discordassem quanto aos elementos dele constituintes. No que se referia à natureza da luz também havia uma colisão de idéias. (Não custa lembrar ao leitor que esses dois pensadores não foram contemporâneos.)

Empédocles afirmava que a luz era um fluxo de partículas, como um rio, e que sua velocidade não era infinita. Para Aristóteles, a luz era uma atividade, uma perturbação num meio material, e sua velocidade de propagação era infinita. Essa "perturbação num meio material" nada mais é do que uma onda, e, assim, Aristóteles foi o precursor da teoria ondulatória da luz.

Ele acreditava ainda que as cores deveriam manter certas relações harmônicas, como as que possuíam as cordas da lira, descobertas por Pitágoras, e foi um dos primeiros a tentar explicar o arco-íris, postulando que o fenômeno era produzido por gotículas de água contidas no ar. É possível que, mesmo antes de Euclides, Aristóteles já tivesse conhecimento da lei de reflexão da luz.

Euclides de Alexandria (c.300 AEC) foi o fundador da geometria e especializou-se em ótica,[7] escrevendo dois tratados sobre fenômenos relacionados à luz. No primeiro, denominado *Ótica*, tratou da visão que temos dos objetos, defendendo a hipótese platônica de que enxergamos as coisas graças a três jatos de partículas: um partiria dos olhos; outro viria do objeto avistado; e o terceiro seria proveniente da fonte iluminadora.

A linha reta

A grande obra de Euclides chama-se *Elementos* e apresenta os princípios da geometria. São 13 volumes ao todo, reunindo não só as idéias originais de seu autor como também teoremas de outros matemáticos.

Entre as primeiras definições do livro encontra-se a de linha reta. Dela surge a idéia de que o menor caminho entre dois pontos é a reta. Isso seria retomado mais tarde por Arquimedes, ao dizer que, "de todas as linhas que têm as mesmas extremidades, a reta é a menor".

Mas a noção já existia antes mesmo de Euclides. Aristóteles, por exemplo, afirmava que "sempre chamamos a distância entre duas coisas de linha reta".

Iremos ver, com o surgimento das geometrias não-euclidianas, em meados do século XIX, que esse conceito deixa de ser natural e óbvio.

---

[7] Apesar de os dicionários preferirem a grafia "óptica", registrando a palavra "ótica" como uma variação, neste livro se escreverá "ótica", em reconhecimento à pronúncia mais usual do termo.

Em seu segundo trabalho, *Catóptrica,* Euclides descreveu o comportamento de raios luminosos refletidos por espelhos planos, côncavos e convexos. Seus conhecimentos de geometria permitiram que demonstrasse a lei da reflexão da luz: "o ângulo de incidência é igual ao ângulo de reflexão".

Num trabalho também chamado *Catóptrica,* Arquimedes de Siracusa (c.287-212 AEC) descreveu a teoria dos espelhos chamados de incandescentes, que têm a capacidade de concentrar raios paralelos num determinado ponto (o foco) e são a base dos telescópios modernos. Diz a lenda que Arquimedes teria usado um espelho desse tipo para, concentrando os raios solares, incendiar navios romanos durante a Segunda Guerra Púnica. Estudos recentes mostram que a história, apesar de bela, não passa de lenda, porque essa tal "arma de raios" não tem nada de eficiente. Um espelho jamais conseguiria concentrar energia o bastante para incendiar um navio a distância.

Arquimedes descreveu ainda o princípio dos corpos flutuantes (hoje conhecido como princípio de Arquimedes): "Quando um corpo flutua num fluido, seu peso é igual ao do fluido deslocado; e, quando submerso, seu peso diminui proporcionalmente da mesma quantidade." Outra lenda diz que Arquimedes chegou a essa idéia enquanto tomava banho; feliz com suas constatações, teria saído despido da banheira e corrido pela rua, gritando "Eureca!" (que em grego queria dizer "descobri").

Bastante tempo depois Heron de Alexandria (séc. I) explicou a propagação retilínea da luz, afirmando que "é mínimo o trajeto descrito por um raio luminoso". Quando se combina essa afirmação com uma das definições de Euclides (a linha reta é a menor distância entre dois pontos), percebe-se como é antiga a idéia de que um raio de luz, ao se propagar, define uma linha reta. Einstein mudou essa visão, mas isso teria ainda que esperar cerca de 1.900 anos.

O Universo

Outro grande problema abordado insistentemente pelos pensadores gregos foi o do surgimento do Universo. Se os primeiros poetas explicavam a origem do mundo com lendas e deuses, foi Pitágoras quem deu à questão um tratamento científico, pelo menos o mais científico possível, dadas as limitações da época. Trabalhando com instrumentos musicais, ele chegou à conclusão de que a harmonia entre os sons vinha das relações entre os comprimentos das cordas. Transpôs essa idéia para o céu, afirmando que a distância entre os planetas deveria ser tão harmoniosa como a distribuição das cordas de uma lira.

É de Pitágoras o termo usado nos dias atuais como sinônimo de Universo: cosmos (*kosmo*, "ordem", para os gregos). Para ele, essa seria a palavra ideal para designar o mundo, por sua "perfeita harmonia e ordenação", porque o cosmos seria o mais belo dos corpos. Ainda no campo da astronomia Pitágoras admitiu a esfericidade da Terra, após constatar que a sombra projetada na Lua durante os eclipses lunares é sempre circular. Pitágoras constatou também que a estrela Vésper e a estrela d'Alva eram o mesmo objeto celeste, o planeta Vênus.

A questão mais imediata que os gregos se propuseram a respeito do Universo dizia respeito à organização dos corpos celestes. A grande maioria dos primeiros físicos — inclusive Aristóteles — concordava que a Terra se localizava no centro do Universo, sendo orbitada por estrelas e planetas. (Lembremos que o Sol e a Lua também eram chamados de planetas.) Alguns inventavam esferas cristalinas que continham os objetos celestes, outros imaginavam círculos dentro de círculos.

A notável exceção ao pensamento geocêntrico foi Aristarco de Samos (c.310-c.230 AEC). Para ele, o Sol estava no centro do Universo, e a Terra girava ao seu redor. Só que, se a Terra estava em movimento, seria preciso formular algumas outras hipóteses para, por exemplo, explicar por que as estrelas pareciam fixas no céu, quando as observações eram feitas de um local (a própria Terra) móvel. Para contornar esse problema, Aristarco postulou (corretamente) que a distância entre a Terra e as estrelas era muito maior do que entre a Terra e o Sol. O raio da órbita da Terra poderia (e pode) ser considerado nulo em comparação à enorme distância que a separava das estrelas. Aristarco fez ainda boas estimativas das distâncias entre a Terra e o Sol e entre a Terra e a Lua.

Infelizmente ele estava muito à frente de seu tempo, e seu modelo para o Universo não chegou a ser levado a sério. Em lugar disso ganhou força o modelo proposto por Apolônio de Perga (c.261-c.196 AEC), no qual os planetas estavam fixos a um círculo menor (o epiciclo), cujo centro se deslocava ao redor da Terra, num círculo maior (o deferente).

Hiparco de Nicéia (c.190-c.120 AEC) substituiu o sistema de deferentes e epiciclos de Apolônio por um outro, no qual o Sol descrevia um único círculo ao redor da Terra (que não estava no centro do círculo). Usou esse conceito de excentricidade para explicar a velocidade variável do Sol. O modelo de Hiparco para o movimento da Lua era bastante mais complexo. Para os outros cinco planetas, ele continuou usando o sistema de deferentes e epiciclos.

Hiparco deu outras grandes contribuições à astronomia. É dele por exemplo a classificação das estrelas segundo "grandezas" (termo que não se usa mais), na qual as estrelas de primeira grandeza eram as mais brilhantes, e as de sexta, as menos brilhantes. Como se não bastasse, descobriu a precessão dos equinócios, um movimento que a Terra realiza num período de 26 mil anos.

Epiciclo e deferente de Apolônio

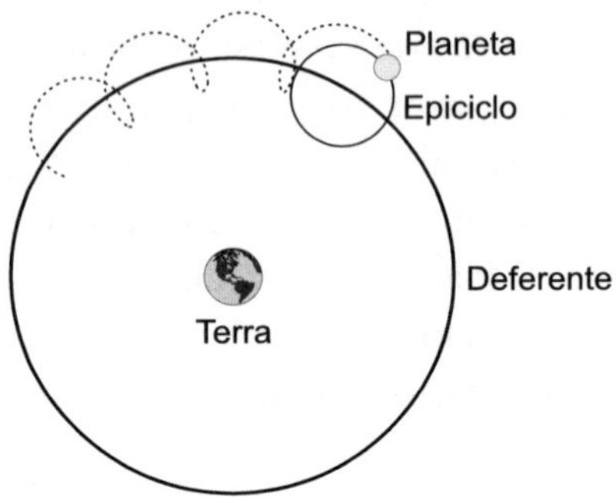

A Terra permanece no centro do Universo, e os planetas realizam um movimento composto: um giro ao redor de um ponto imaginário que gira ao redor da Terra. O círculo desenhado pelo planeta é o epiciclo; o círculo desenhado pelo centro do epiciclo é o deferente.

O modelo de Hiparco

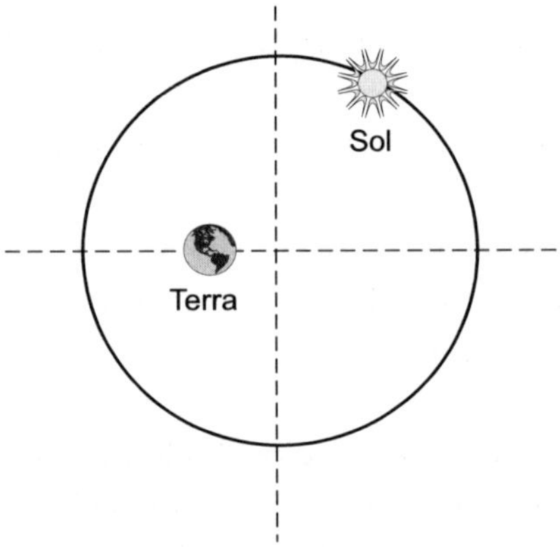

O Sol gira ao redor da Terra, mas ela não está mais no centro do Universo. O ponto ocupado por ela é o equante.

Cláudio Ptolomeu (85-165), em sua obra-prima *Sintaxe matemática*, usou o sistema de Hiparco combinado ao de Apolônio para explicar a velocidade variável dos planetas na esfera celeste e o movimento retrógrado. Criou ainda o conceito do ponto equante, que não passava da idéia de excentricidade introduzida por Hiparco. Era ao redor do equante que os deferentes giravam, e por isso os observadores terrestres viam os planetas com velocidades variáveis.

A obra de Cláudio Ptolomeu é composta de 13 livros e ficou famosa por seu nome árabe, *Almagesto* ("grande tratado"). O intricado modelo criado por seu autor era necessário para explicar o movimento aparente dos planetas, preservando-se a idéia (equivocada) de um Universo geocêntrico. Esse modelo seria o paradigma da astronomia por 15 séculos, sendo desbancado pelo modelo heliocêntrico de Nicolau Copérnico.

Deferente e equante de Ptolomeu

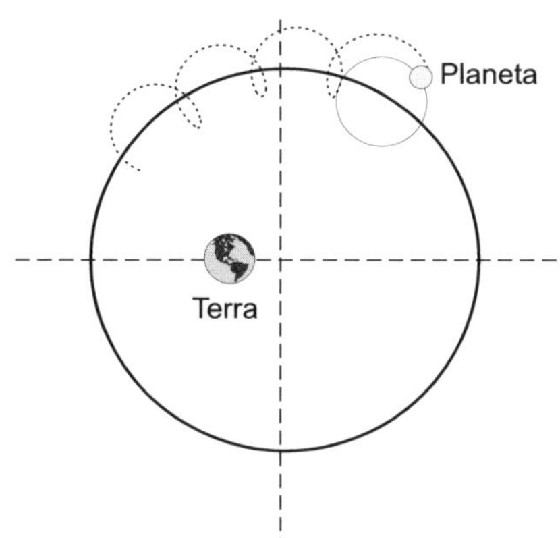

Unindo idéias de seus antecessores, Ptolomeu construiu um sistema de mundo que utiliza epiciclos, deferentes e o ponto equante.

3 | O mundano e o celestial

É vão fazer com mais o que pode ser feito com menos.

GUILHERME DE OCKHAM

Pioneiros medievais

Aristóteles imprimira no imaginário popular e científico da Antigüidade a idéia de que o Universo se dividia em dois conjuntos fronteiriços, porém distintos. As coisas da Terra e da Lua eram compostas pelos quatro elementos clássicos dos quais se falou no capítulo anterior. Já as estrelas e demais objetos celestes eram feitos de uma quinta-essência, o éter.

Essa divisão entre um mundo sublunar — em que as interações físicas eram "sujas" e imperfeitas — e um mundo supralunar — no qual tudo era belo, eterno e imutável — contaminaria o pensamento físico por mais de 20 séculos. Isaac Newton acabaria com isso, como iremos ver no próximo capítulo.

Quanto ao universo das esferas cristalinas, o mundo supralunar, prevalecia sem maiores competições o modelo geocêntrico de Ptolomeu. Por mais complicado que fosse, misturando epiciclos, deferentes e equante, ele explicava de maneira satisfatória o movimento aparente do Sol, da Lua e dos planetas.

Um toque de simplicidade

Guilherme de Ockham (c.1285-c.1349) formulou um princípio de simplicidade em pleno século XIV, conhecido até hoje como a "navalha de Ockham", que pode ser considerado a epítome do pensamento físico antes de Newton.

A "navalha de Ockham" que abre este capítulo é usada até hoje como uma espécie de "árbitro" entre teorias: se duas teorias equivalentes predizem os mesmos resultados, os físicos optam sempre pela mais simples.

Mas havia algum cisma com referência à rotação da Terra. O astrônomo hindu Ariabata I (476-c.550), por exemplo, acreditava que a esfera das estrelas permanecia fixa no firmamento, enquanto a Terra, ao centro, girava ao redor do próprio eixo. Essa noção era combatida por outro astrônomo hindu, Brahmagupta (c.598-660).

Com a ascensão do pensamento cristão na Europa medieval, e o conseqüente declínio do pensamento autônomo, começaram a se destacar os astrônomos árabes. Graças a eles muitos dos textos clássicos sobreviveram, traduzidos para o árabe e posteriormente para o latim. A obra de Ptolomeu, *Sintaxe matemática*, vertida para o árabe por volta do século IX, ganhou o título de *Grande tratado* (*Al-majist*), origem do nome com o qual se tornaria famosa, *Almagesto*.

Os árabes realizaram uma série de observações sistemáticas, inventando várias ferramentas práticas e teóricas que aprimoraram o entendimento do céu. Assim como os gregos, no auge de sua civilização, haviam se espalhado por grande parte do sul da Europa e oeste da Ásia, os árabes distribuíam-se desde a Pérsia (onde é hoje o Iraque) até a Península Ibérica.

Um dos astrônomos que se destacaram nesse período foi Mohamed al-Battani (c.850-929), que publicou uma tabela de posições planetárias semelhante à de Ptolomeu, só que com maior precisão. O trabalho de al-Battani (cujo nome latinizado é Albatênio) chegou à Europa por meio da Espanha muçulmana.

Porém, o acesso mais generalizado ao conhecimento só se daria a partir da invenção da prensa tipográfica por Johannes Guttemberg (c.1398-c.1468), por volta de 1438. A partir daí, a tabela de Albatênio teve maior circulação, sendo inclusive citada na obra de Nicolau Copérnico.

A revolução introduzida por Guttemberg contudo foi mais profunda. Até então os poucos livros existentes eram copiados e recopiados manualmente por escribas, que, embora esforçados, sempre acabavam cometendo erros. Esses enganos iam se propagando e multiplicando ao longo do tempo. Com o livro impresso o problema foi parcialmente resolvido. É claro que os erros já existentes continuavam a se reproduzir, mas pelo menos não se acrescentavam outras falhas.

O primeiro astrônomo a se beneficiar do novo meio de comunicação foi Johannes Muller (1436-1476), de Königsberg, atual Kalingrado, na Rússia. Ele entrou para a história com o nome latino de sua cidade natal, Regiomontano. Trabalhando sob a orientação de Georg Peurbach (1423-1461), astrônomo real da Áustria, Regiomontano só teve seus primeiros trabalhos publicados em 1474, alguns anos depois da morte de seu professor. Dando continuidade ao sonho de Peurbach, ele produziu uma versão resumida e simplificada do *Almagesto* de

Ptolomeu, que logo se tornou leitura obrigatória para todo e qualquer estudante de astronomia da época.

O pensamento astronômico, até essa época, manteve a idéia grega de que a Terra era esférica. Ambrosius Teodosius Macrobius, por exemplo, que viveu na primeira metade do século V, dizia que a esfera terrestre repousava no centro de um Universo também esférico. O mesmo havia sido afirmado por Ptolomeu, mas é bom lembrar que o *Almagesto* só voltaria a circular na Europa no século IX.

Quando se lançou ao mar rumo à Índia pelo Ocidente, Cristóvão Colombo fazia parte de uma minoria que reconhecia a esfericidade da Terra, não porque a idéia fosse nova, mas porque as grandes massas não tinham acesso a ela. (O próprio Colombo estava mal informado quanto ao tamanho da Terra. Se conhecesse os cálculos de Eratóstenes, talvez não tivesse insistido em dar a volta ao mundo.)

Medindo a Terra com sombras

Eratóstenes de Cirene (c.276-c.196 AEC) foi o primeiro a calcular o diâmetro da Terra. Para isso usou o fato de que, no solstício de verão, em Siena (atual Assuã, Egito), o Sol fica a pino ao meio-dia. Como nessa mesma hora, em Alexandria, o Sol não fica a pino, bastou Eratóstenes medir o ângulo da sombra projetada em Alexandria e a distância entre as duas cidades para obter uma excelente estimativa. O resultado que obteve foi de 39.425km, quando o valor hoje aceito para o perímetro da Terra é de 40.075km.

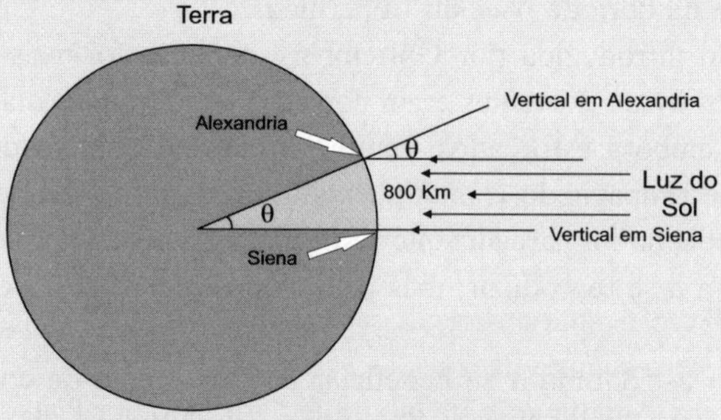

Como os raios do Sol podem ser considerados paralelos, o ângulo θ medido por Eratóstenes na superfície é idêntico ao ângulo que separa as duas cidades. Com essa informação — e com a distância entre as duas cidades —, basta fazer uma regra de três simples para se obter o perímetro do planeta e, a partir do perímetro, o raio.

A Terra em seu devido lugar

Nicolau Copérnico (1473-1543) nasceu em Torun, na Polônia, e cursou a Universidade de Cracóvia. Em 1496 mudou-se para a Itália, destino de grande parte dos estudiosos que deixavam Constantinopla após a conquista da cidade pelos muçulmanos (1453), e dedicou grande parte de seu tempo à astronomia. O calendário vigente na época (juliano) dava sinais claros e inequívocos de imprecisão, e era necessário que os estudiosos entendessem melhor o movimento dos astros no céu.

Como a maioria dos estudiosos italianos, Copérnico interessava-se não só pela precisão das hipóteses, mas também por sua beleza. Ele não concordava com algumas idéias ptolomaicas (sobretudo o equante). Achava insatisfatório em particular o método de abordar cada planeta em separado, sem qualquer tentativa de unificar todos num único sistema planetário coerente. Mas Copérnico não podia negar que as tabelas construídas com base no modelo de Ptolomeu eram precisas o suficiente para a astronomia que se fazia naquele tempo.

Depois de voltar à Polônia, em 1503, Copérnico publicou *Pequeno comentário*, deixando clara sua insatisfação com o sistema geocêntrico e apresentando uma alternativa: um sistema no qual o Sol estivesse no centro do Universo, e a Terra e os demais planetas girassem ao redor dele. Aristarco de Samos teria ficado feliz!

Após a publicação do volume, Copérnico retraiu-se e quase não se ouviu falar dele até o ano de sua morte. Em 1539 recebeu a visita de Georg Joachim Rheticus (1514-1574), então professor de matemática na Universidade de Wittenberg, e foi convencido a publicar seu trabalho completo. Sob a orientação de Rheticus organizou-se *Da revolução das esferas celestes*, publicado em 1543, ano da morte de Copérnico.

Infelizmente, contudo, Rheticus não pôde coordenar pessoalmente a impressão da obra. A tarefa foi delegada a Andreas Osiander (1498-1552), que, numa decisão infeliz, redigiu uma introdução, impressa sem assinatura. Passou-se a atribuir erroneamente a Copérnico uma afirmação feita por Osiander, segundo a qual a idéia de que Terra girava ao redor do Sol era um simples artifício matemático — e não uma descrição da realidade física.

Copérnico sem sombra de dúvidas acreditava no sistema heliocêntrico. Seu livro póstumo era a culminação de um projeto iniciado por Platão para desenvolver modelos geométricos que reproduzissem e explicassem o movimento celeste dos planetas.[1] Seu modelo serviu de base para o matemático alemão Erasmus

---

[1] Curiosamente a influência platônica foi o calcanhar-de-aquiles do modelo copernicano. Seguindo os pensamentos de Platão, Copérnico descreveu as órbitas planetárias como círculos, e não como elipses.

Reinhold (1511-1553) construir novas tabelas de posição para os planetas, conhecidas como tabelas prutênicas (ou prussianas), que foram publicadas em 1551.

Quem não acreditava no modelo heliocêntrico era Tycho Brahe (1546-1601), um filho de nobres nascido em Skane (então Dinamarca, hoje Suécia) que percorreu várias universidades européias, demonstrando profundo interesse pela alquimia e pela astronomia. Tycho Brahe defendia que o futuro da astronomia estava nas observações cada vez mais precisas dos objetos celestes.[2] Na verdade, seu interesse pela precisão observacional vinha desde a adolescência: aos 16 anos ele observara uma conjunção dos planetas Júpiter e Saturno, que havia ocorrido com dois dias de atraso em relação às tabelas prutênicas. Esse fato orientaria os futuros estudos do jovem Tycho.

Conjunção

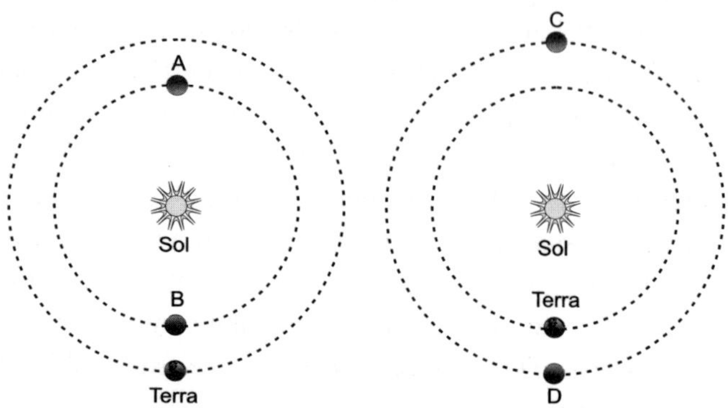

Quando dois astros estão na mesma direção (mas não necessariamente no mesmo plano), ocorre uma conjunção. Na figura da esquerda, vemos a Terra e um planeta interior (Vênus ou Mercúrio). Os pontos A e B marcam as conjunções solares (superior e inferior, respectivamente). Na figura da direita, vemos a Terra e um planeta externo. O ponto C também representa uma conjunção (o ponto D, uma oposição).

Uma feliz circunstância na vida de Tycho foi a observação, em 1572, de uma nova estrela (fenômeno que hoje sabemos se tratar de uma estrela que está morrendo). Em suas cuidadosas observações, ele conseguiu mostrar que aquele objeto celeste de fato pertencia à esfera das estrelas. Também observou em 1577 um

[2] É bom lembrar que o telescópio ainda não havia sido inventado.

cometa e provou que se tratava de um fenômeno espacial, e não atmosférico. O mundo supralunar de Aristóteles não parecia ser tão perfeito e imutável assim...

Ainda em 1577 Tycho tomou posse da ilha de Hven, ofertada pelo rei Frederico II da Dinamarca, e construiu ali seu observatório e sua moradia, o castelo Uraniborg ("cidade dos céus"). Destinando sua fortuna à ciência, construiu sextantes e quadrantes gigantescos, que permitiam medir a posição dos astros com precisão nunca antes imaginada. Os mapas e as tabelas que desenvolveu eram os melhores de sua época.

Tycho no entanto sentia-se frustrado. Quanto mais precisas eram suas observações, mais difícil ficava demonstrar que a Terra estava imóvel no centro do Universo. Finalmente foi obrigado a admitir que não existiam esferas cristalinas no céu. Problemas políticos (a ascensão do rei Cristiano IV) fizeram-no abandonar a Dinamarca, e ele foi terminar seus dias como Matemático Imperial de Rodolfo II, em Praga. Morreu em 1601, não sem antes ter tido um relacionamento profissional intenso com Johannes Kepler (1571-1630), o próximo personagem de nossa história.

Johannes Kepler

Kepler nasceu na Alemanha, em 27 de dezembro de 1571. Suas prodigiosas habilidades matemáticas levaram-no, em 1599, a tornar-se assistente de Tycho Brahe (após ter recusado um primeiro convite, feito quando Tycho ainda residia na Dinamarca). Aquela foi uma convivência curta e conturbada. O nobre dinamarquês e o pobre alemão não se entendiam, apesar do profundo respeito profissional que tinham um pelo outro.

Kepler discordava de Tycho a respeito do sistema de mundo, acreditando no modelo heliocêntrico copernicano. Além disso, tinha um profundo respeito por assuntos divinos, e se preparara para assumir um ministério luterano, antes de abandonar os estudos teológicos para assumir um cargo como professor de matemática na cidade austríaca de Graz.

Harmonizando seus conhecimentos díspares, Kepler considerava que Deus era um geômetra. Seu sistema de mundo relacionava as três partes imóveis (o Sol, a esfera das estrelas e o espaço entre elas) do Universo com a Santíssima Trindade. Teve mais dificuldade para explicar as partes móveis, os planetas. Por que — era a pergunta que mais o atormentava — havia seis planetas (Mercúrio, Vênus, Terra, Marte, Júpiter e Saturno), e não cinco ou sete?

Como qualquer estudante de geometria sabia desde a época de Euclides, existem apenas cinco sólidos perfeitos: tetraedro, hexaedro (cubo), octaedro, dodecaedro e icosaedro. Havia portanto apenas cinco sólidos que o Deus geômetra de Kepler poderia usar para preencher o espaço entre as esferas planetárias. Cinco sólidos, cinco espaços intermediários. Cinco espaços, seis esferas. Logo, só poderia haver seis planetas!

Com a morte de Tycho, Kepler foi nomeado Matemático Imperial. Em 1609, usando os dados precisos obtidos por seu antecessor, inaugurou o estudo da dinâmica dos planetas, enumerando duas leis do movimento planetário, publicadas no trabalho *Nova astronomia*. A terceira lei só ficaria pronta em 1619 e foi publicada em *Acerca das harmonias celestes*.

As leis de Kepler

As leis de Kepler a respeito dos movimentos planetários são três:

1. Os planetas realizam seus movimentos em torno do Sol seguindo órbitas elípticas, com o Sol num dos focos.

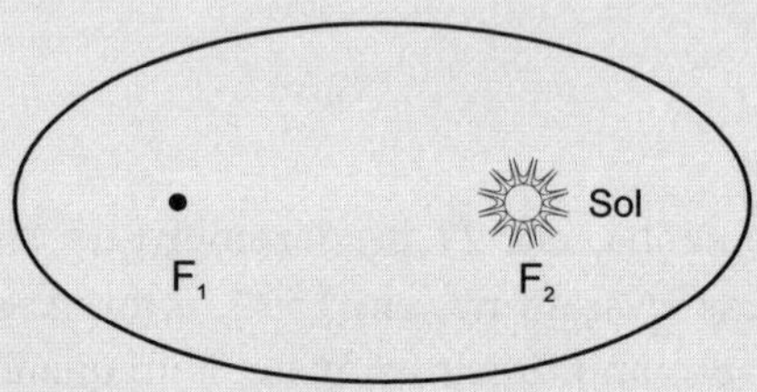

Para construir um círculo, precisamos de um ponto (o centro) e uma distância (o raio). Para construir uma elipse, precisamos de dois pontos (os focos) e uma distância. Medindo a distância de um ponto qualquer da elipse até um dos focos e somando o resultado com a distância desse mesmo ponto até o outro foco, obtém-se uma constante. Na prática, a elipse descrita pela maioria dos planetas é muito pouco achatada (quase-circular).

2. O raio vetor, que liga o planeta ao Sol, varre áreas iguais em tempos iguais.

Traduzindo isso: se imaginarmos uma linha unindo o Sol e o planeta em questão (o raio vetor), veremos que, ao longo do movimento planetário, essa linha varrerá áreas iguais em tempos iguais.

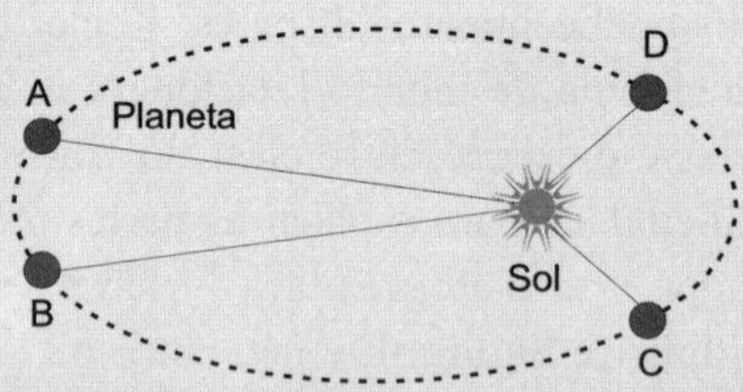

Se as duas partes escuras da figura possuem a mesma área, então o planeta deve levar o mesmo tempo para percorrer o arco AB e o arco CD. Assim, vemos que o planeta se move mais rapidamente quando está mais próximo do Sol.

→

3. A relação entre o quadrado do período de revolução dos planetas e o cubo de sua distância média ao Sol é uma constante.

Isso quer dizer que, se medirmos o tempo que um planeta qualquer leva para dar uma volta ao redor do Sol, elevarmos este número ao quadrado e dividirmos pela distância média entre o planeta e o Sol elevada ao cubo, obteremos um número que é fixo, independentemente do planeta que escolhermos. Essa lei, bem posterior às outras duas, é conhecida como "lei harmônica". Hoje sabemos que ela não é válida com precisão (o número não é exatamente constante, variando levemente entre um planeta e outro).

Johannes Kepler morreu na Alemanha, em 1630, e é celebrado como o pai da mecânica celeste. Seu trabalho seria incorporado alguns anos depois por Isaac Newton à lei da gravitação universal.

Galileu

Entre o auge do trabalho de Tycho Brahe e o apogeu de Johannes Kepler, outra figura muito importante floresceu na Itália: Galileu Galilei (1564-1642). Espírito típico da Renascença, fez de tudo um pouco, trabalhando em várias e distintas áreas do conhecimento. No que se refere ao mundo supralunar, aos céus, Galileu ficou conhecido como o inventor do telescópio.

Na verdade não temos certeza sobre a origem desse instrumento. Segundo José Maria Filardo Bassalo (*Nascimentos da física*, vol.I), o telescópio foi construído na Itália em 1590.[3] Aparentemente seu autor é desconhecido, mas a invenção é em geral atribuída ao fabricante de óculos holandês Hans Lipperhey (c.1570-c.1619), que apresentou seu pedido de patente em 1608. Um ano depois, ao saber do instrumento holandês, Galileu reproduziu-o, passou a estudar o céu e descobriu luas em Júpiter, crateras na Lua e as fases de Vênus. Com isso, começou a mostrar que o mundo supralunar não era tão perfeito como Aristóteles desejava.

Galileu observou também as manchas solares, regiões mais frias na superfície do Sol. Escreveu em 1613 um livro sobre isso, *História e demonstração sobre as manchas solares*, fazendo alusão ao que chama de "movimento neutro" e

[3] O próprio trabalho de Bassalo faz referência a uma descrição feita por Giambattista della Porta, em 1558, de um instrumento que seria o primeiro telescópio.

associando esse tipo de movimento ao conceito de *impetus* vigente na época. O *impetus* era conhecido por muitos, e ninguém menos do que Johannes Kepler usava um nome específico para descrevê-lo: inércia. O mundo supralunar estava prestes a colidir com o sublunar.

Movimento, *impetus* e inércia

Por volta de 520, Yahya an-Nahwi (c.475-c.565), que entrou para a história ocidental com o nome de John Philoponus (João, o Gramático), colocou-se contra as idéias aristotélicas sobre o movimento,[4] introduzindo a noção de que os corpos possuem uma "espécie de inércia", a qual chamou de *impetus*.

Segundo Bassalo, Philoponus escreveu que, "para dois corpos de pesos diferentes, caindo da mesma altura, a relação entre os tempos gastos na queda não dependia da relação de seus pesos, já que a diferença entre tais pesos era muito pequena".

A idéia do *impetus* de Philoponus chegou até o médico e filósofo persa Abu-Ali al-Husain ibn Abdullah ibn Sina (980-1037), cujo nome latino era Avicena, que passou a defendê-la em seus trabalhos sobre o movimento dos corpos. Alberto Magno (1193-1280), um erudito alemão, também levou em conta essa noção, ao estudar o movimento de um projétil. Mas a tese foi renegada pelo mais famoso aluno de Magno, Santo Tomás de Aquino.

O filósofo francês Jean Buridan (c.1300-1358) aprofundou o conceito do *impetus* ao perguntar-se por que (segundo Aristóteles) o ar — e não os próprios corpos em si — tinha a faculdade de empurrar os corpos em movimento. Sua teoria sobre o *impetus*, de acordo com Bassalo, diz que "o impulsor cede ao impulsionado uma potência proporcional à velocidade e ao peso deste último, necessária para mantê-lo em movimento". Para Buridan, o movimento dos planetas era perene, porque eles haviam sido impregnados de *impetus* por ninguém menos do que Deus!

Em 1585 o físico italiano Giambattista Benedetti (1530-1590) resgatou a idéia do *impetus*, ao afirmar que "a velocidade de um corpo separado de seu primeiro motor provém de uma certa impressão natural, de um certo ímpeto recebido pelo citado móvel". Foi essa a concepção que Galileu usou ao discorrer sobre o *impetus*.

---

[4] Philoponus era contrário também à divisão entre os mundos sub e supralunar de Aristóteles. Uma de suas mais ferrenhas convicções era a de que "o céu que vemos tem as mesmas propriedades físicas da Terra".

Além de se preocupar com o mundo supralunar, Galileu fez vários trabalhos referentes ao mundo sublunar (ou seja, à física terrestre, segundo Aristóteles). Publicou em 1632 *Diálogos sobre os dois máximos sistemas de mundo,* fazendo alusão ao clássico (e muito provavelmente lendário) experimento da queda de dois corpos a partir de uma torre (diz a lenda que era a torre de Pisa, mas isso provavelmente jamais aconteceu).[5]

Galileu usou o princípio da relatividade do movimento — hoje conhecido como "relatividade de Galileu" — para mostrar que era impossível determinar, por meio de uma experiência mecânica qualquer, se um navio estava em repouso ou em movimento com velocidade constante. Nesse trabalho Galileu retomava suas idéias sobre o *impetus* para explicar o movimento dos corpos em planos inclinados.

Relatividade do movimento

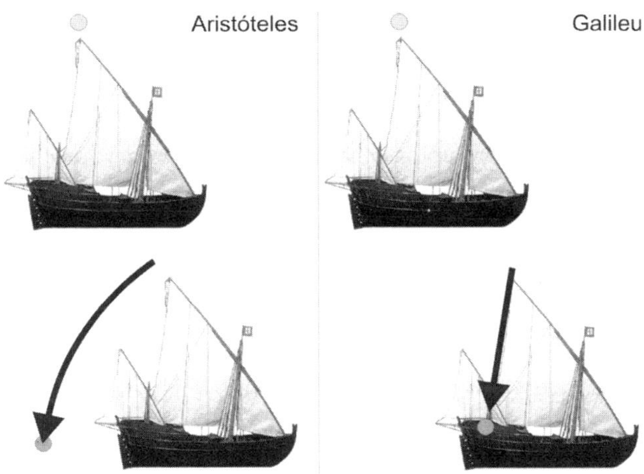

O pensamento aristotélico diz que uma bola lançada do mastro de um navio em movimento ficará para trás, pois tão logo ela perca seu contato com o mastro, sua velocidade cai para zero. Já o pensamento galileano (correto) introduz a idéia de inércia: a bola cai rente ao mastro.

Giordano Bruno (1548-1600) também descreveu o movimento relativo dos corpos com experiências que deveriam ser realizadas a bordo de um navio. Ele

[5] Esses experimentos podem ter sido realizados pelo italiano Giorgio Coresio em 1612.

entrou para a história ao defender fervorosamente as idéias heliocêntricas, bem como a pluralidade dos mundos habitados. Por tudo isso foi queimado vivo pela Inquisição.

A próxima grande contribuição de Galileu para a ciência do movimento dos corpos veio em 1638, com o *Discursos e demonstrações em torno de duas novas ciências relativas à mecânica e aos movimentos locais*. Neste livro ele enumerava suas leis do movimento: "1) As velocidades dos corpos em queda livre são proporcionais aos tempos gastos na queda; 2) os espaços percorridos pelos corpos em queda livre são proporcionais aos quadrados dos tempos gastos para descrever esses espaços."

Naquele mesmo ano o filósofo e matemático francês René Descartes (1596-1650) chegou, de forma independente, ao mesmo princípio de relatividade de Giordano Bruno e Galileu. Descartes publicou em 1644 seus *Princípios filosóficos*, fazendo as seguintes afirmações, segundo Bassalo: "cada coisa persevera no estado em que está, enquanto nada muda; todo o corpo que se move tende a continuar seu movimento em linha reta; nenhuma coisa muda senão pelo encontro de outras; Deus criou a quantidade de movimento inicial do Universo e, a partir de então, ela permanece sempre conservada, gerando dessa maneira, as leis da natureza." Descartes vislumbrava assim uma das leis da mecânica newtoniana e também alguns princípios de conservação que perduram até hoje.

Nos *Discursos* Galileu também analisou o movimento de projéteis, demonstrando que suas trajetórias são parábolas e sugerindo que o alcance máximo é obtido quando o ângulo de lançamento é de 45°. Torricelli, o inventor do barômetro, já havia chegado a esse resultado em 1630. Em 1642 Galileu Galilei morria cego e maltratado pela Igreja. Mas no mesmo ano nascia o homem que iria pôr fim à idéia aristotélica de divisão entre física mundana e física celestial: Isaac Newton.

Horror vacui

"A natureza tem horror ao vácuo." Esta era outra idéia aristotélica impregnada no inconsciente científico até o Renascimento. Quando Evangelista Torricelli (1608-1647) pegou um tubo de vidro, encheu-o de mercúrio e, com uma extremidade tapada, mergulhou a outra numa cuba também cheia de mercúrio, ele verificou que o metal descia pelo tubo, deixando um espaço aparentemente vazio em seu interior. O tubo de Torricelli é nada menos que um barômetro. Estava descoberta e pressão atmosférica. Além disso, Torricelli foi o primeiro a criar vácuo em laboratório, contrariando a máxima aristotélica.

Barômetro

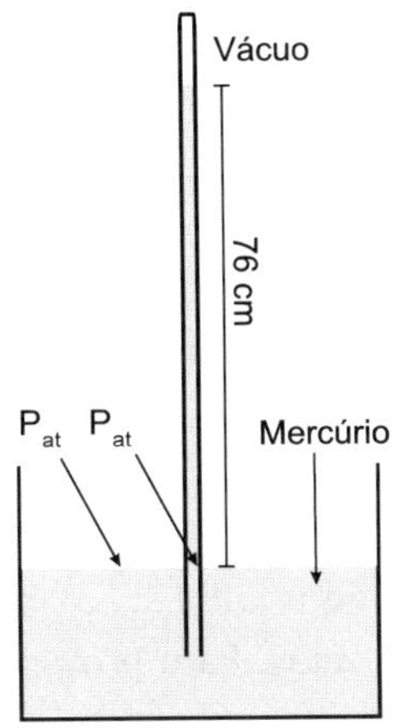

O "peso" do ar empurra o mercúrio da cuba, equilibrando o metal dentro do tubo. No nível do mar, o mercúrio atingirá uma altura de 76cm.

Um ano depois desse experimento, o padre franciscano francês Marin Mersenne (1588-1648) apresentou o tubo de Torricelli em Paris. Em 1647 o matemático, físico e filósofo francês Blaise Pascal (1623-1662) deu início a seus trabalhos sobre pressão.

Incrementando as idéias de Torricelli, Pascal publicou no mesmo ano um livro intitulado *Experiências relativas ao vácuo*, no qual descrevia o que hoje conhecemos como "princípio de Pascal": a pressão exercida sobre os fluidos é transmitida com progressiva diminuição por todas as partes dele. Com isso tornou-se possível a invenção da prensa hidráulica.

Mas Pascal estava fascinado pelo vácuo. Repetindo a experiência de Torricelli com vários líquidos diferentes, conseguiu mostrar que não havia "vapores de mercúrio" (ou de qualquer outro material) na região vazia dentro do tubo. Ali havia nada, havia o vácuo. Tentando organizar tudo o que ele e seus contemporâneos haviam produzido com o tubo de Torricelli, Pascal reuniu três tratados: um sobre o equilíbrio dos líquidos, um sobre o peso da massa do ar e um terceiro — que ficou incompleto e só veio a ser publicado em 1779 — sobre o vácuo. Neste último, Pascal afirmava que "todos os efeitos outrora atribuídos ao *horror vacui* nada mais são do que casos particulares do equilíbrio dos líquidos".

Ao repetir inúmeras vezes suas experiências para estudar o vácuo, Pascal mostrou, depois de analisar os experimentos de seu cunhado Florin Périer, que a pressão atmosférica variava de acordo com a altitude. É por isso que, no sistema internacional (SI), a unidade que mede a pressão chama-se Pascal.

Enquanto o francês reunia seus trabalhos nos tratados, o engenheiro alemão Otto von Guericke (1602-1686), sem ter conhecimento do trabalho de Torricelli, começava a realizar experiências para a obtenção de vácuo. Por volta de 1650 Guericke já construíra sua própria bomba de vácuo, que era produzido em esferas de cobre. Ele revelou, entre outras coisas, que o som não se propagava no vácuo, que o fogo precisava de ar para queimar e que os animais não sobreviveriam sem ar.

Guericke fez a célebre experiência dos hemisférios de Magdeburg, em 1654, por ocasião do Congresso Imperial de Regensburg. Criando o vácuo no interior de dois hemisférios de cobre unidos entre si, Guericke tentou separá-los, puxando-os com duas parelhas de cavalos. Para provar que era a pressão atmosférica que mantinha os hemisférios unidos, Guericke posteriormente recolocou ar no interior da esfera, e ela abriu-se espontaneamente.

Três anos depois, Robert Boyle (1627-1691) e Robert Hooke (1635-1703), ambos ingleses, aperfeiçoaram a bomba de vácuo de Guericke. Já em 1660 Boyle publicava suas *Novas experiências físico-mecânicas a respeito da elasticidade do ar e seus efeitos*. Com essas experiências Boyle mostrava que a luz se propagava no vácuo. Isso eliminava a necessidade de uma quinta-essência universal preenchendo o espaço entre os corpos celestes, como queria Aristóteles.

As novas idéias trazidas pelo modelo heliocêntrico, pela inércia e pela existência do vácuo vinham preparar o mundo para o declínio do pensamento aristotélico e a conseqüente unificação dos domínios supra e sublunar.

4 | O grande unificador

> Platão é meu amigo, Aristóteles é meu amigo, mas minha melhor amiga é a verdade.
>
> ISAAC NEWTON

Dos anos formativos aos anos milagrosos

Isaac Newton nasceu no dia de Natal, em 1642. Ao menos essa era a data registrada pelos calendários ingleses, que não haviam aderido ainda à reforma gregoriana. No Brasil (como na maior parte da Europa continental) os calendários marcavam o dia 4 de janeiro de 1643. Newton veio ao mundo em Lincolnshire, no povoado de Woolsthorpe, alguns meses depois da morte do pai.

Sua mãe, Hannah Newton, casou-se com o reverendo Barnabas Smith quando o pequeno Isaac ainda não havia completado dois anos de idade. A família mudou-se para uma localidade próxima e deixou o menino com os avós. Quando o reverendo Smith morreu, Hannah voltou para casa, trazendo consigo os meios-irmãos de Newton, um menino e duas meninas. Aos 12 anos, depois de dois anos de relativa felicidade, Isaac foi mandado para a escola, que ficava a cerca de 15 quilômetros de Woolsthorpe, em Grantham.

Mais tarde, após um breve e conturbado período ajudando a mãe na propriedade da família,[1] Newton voltou a Grantham, a fim de se preparar para os exames de admissão do Trinity College, em Cambridge. Foi admitido em 1661, aos 18 anos (dois anos mais velho que a média de sua turma), e lá travou contato com seu mais influente mestre, o professor lucasiano Isaac Barrow (1630-1677).

Embora na Cambridge daquela época ainda se ensinasse a cosmovisão aristotélica — um mundo composto por quatro elementos e situado no centro do Universo —, Newton não demorou a ser fisgado pela revolução intelectual que se desenvolvia do outro lado do Canal da Mancha. As idéias de Copérnico, Kepler e Galileu animaram-no a fazer suas próprias conjecturas acerca do Universo.

[1] Em uma breve biografia, Isaac Asimov se refere a Newton como "o pior agricultor do mundo".

Professor lucasiano

Henry Lucas, membro do Parlamento britânico, sugeriu à Universidade de Cambridge a criação de uma cátedra a ser preenchida por um eminente matemático que se dedicasse não só a ensinar seus conhecimentos, mas também a promover o avanço dos conhecimentos da humanidade como um todo. Em dezembro de 1663 surgia no Trinity College o cargo de professor lucasiano.

Nos anos de estudante, Newton passou a manter um caderno de anotações intitulado "Certas questões filosóficas", cujo cabeçalho era a citação que abre este capítulo. Ali ele escrevia a respeito de tudo o que o fascinava, especialmente a proposição cartesiana de que o mundo é uma máquina, reconhecendo nela as idéias de Robert Boyle sobre a existência dos átomos. Sua vocação científica levou-o a aprofundar as indagações sobre essas partículas microscópicas.

A peste bubônica abateu-se sobre a Inglaterra em 1665, e o Trinity College viu-se obrigado a dispensar seus alunos. Newton voltou a Woolsthorpe e lá viveu seus *anni mirabiles* — anos milagrosos —, um período tão farto em idéias novas e revolucionárias que só pode ser comparado ao feliz ano de 1905, com o seu protagonista maior, Albert Einstein. Nos jardins da casa de sua família pode ter acontecido o famoso caso da maçã.

Até hoje não se sabe se essa história é verdadeira ou lendária... Ela começou a ser difundida por François Arouet, conhecido como Voltaire (1694-1778), que a ouviu da sobrinha de Newton, Catherine Barton. Segundo ela, o tio chegara à idéia da gravitação universal depois que uma maçã caíra em sua cabeça. É possível que Catherine tenha "aumentado um ponto ao conto". Newton poderia ter visto a maçã cair, em vez de servir como alvo, mesmo porque sua personalidade não combinava com uma soneca sob a sombra de uma árvore... Ou pode ser que ele tenha feito alusão à fruta apenas como um elemento didático, para explicar seu raciocínio.

Por razões que fogem à minha compreensão, a história da maçã de Newton talvez seja a anedota científica mais conhecida no mundo. Verdade ou mentira, foi em Woolsthorpe que percebeu que a força da gravidade se estendia até a órbita da Lua, ou seja, que a mesma força que fazia a maçã cair mantinha a Lua em sua órbita. Esta seria a maior revolução na história do pensamento humano.

O nascimento do cálculo

Foi em seu retiro forçado em Woolsthorpe que Newton chegou à famosa fórmula binomial (o binômio de Newton) que prevê a forma de uma expansão do tipo $(x+y)^n$. Para aqueles que até hoje têm pesadelos com a matemática do colégio, eis aqui a expansão binomial mais simples de todas: $(x+y)^2 = x^2 + 2xy + y^2$. Para verificar essa fórmula, basta lembrar que $(x+y)^2$ nada mais é do que $(x+y)$ vezes $(x+y)$ e aplicar a propriedade distributiva da multiplicação.[2]

Esse tipo de expansão, assim como vem descrita no parágrafo anterior, já era conhecida há mais de 500 anos. A grande idéia de Newton foi entender que, quando o expoente n de $(x+y)^n$ não era um número inteiro (ou seja, quando era uma fração), a expansão binomial transformava-se numa série infinita. Por exemplo, $(1+x)^{1/2}$ — que nada mais é do que a raiz quadrada de $(1+x)$ — expande-se em $1 + x/2 - x^2/8 + x^3/16 + \ldots$ Essa série nunca termina!

Isaac Newton só comunicaria a descoberta de uma fórmula geral para a expansão binomial em 1676, em duas cartas a Henry Oldenburg (c.1615-1677), então secretário da Royal Society (a principal sociedade científica da Europa, fundada em 1660 pelo rei Carlos II). O teorema do binômio de Newton foi publicado em 1685 por John Wallis (1616-1703) em sua *Álgebra*, dando-se o devido crédito ao autor.

A descoberta de uma série infinita correspondente a uma exponenciação fracionária preparou Newton para outra importante descoberta: o cálculo. Ele tornou-se íntimo dos infinitesimais, artifícios matemáticos que tomam a forma de números tão pequenos quanto se desejar. Em 1711 publicou uma obra composta já em 1669, *Sobre a análise de equações com um número infinito de termos*.

Newton escreveu em 1671 um tratado, *Dos métodos das séries e fluxões*,[3] que só foi publicado, já vertido para o inglês, em 1736. Ali ele apresentava seu "método das fluxões", considerando as curvas de um gráfico resultados do movimento de um ponto no plano (daí o nome, "fluxão", que lembrava fluxo, ou seja, movimento). Estava prestes a nascer o cálculo.

Para falar desse assunto convém dar um passo atrás. Em seus trabalhos, René Descartes percebera que, para localizar um ponto qualquer num plano, era preciso haver apenas dois números, suas coordenadas, representando a distância do ponto em relação a um outro ponto fixo (a origem), ao longo de dois eixos

---

[2] Para aliviar o meu *karma* e não espantar meus leitores, lembro que, segundo a propriedade distributiva, podemos distribuir o produto de uma soma; ou seja, $(x+y)$ vezes alguma coisa é igual a x vezes essa coisa mais y vezes a mesma coisa.

[3] Newton cunhou o termo "fluxão" (*fluxion* em inglês), que muitas vezes vemos traduzido como "fluxo" (*flux* em inglês). Em respeito a Newton, usarei o primeiro termo.

perpendiculares entre si. Este é o sistema cartesiano de coordenadas, publicado por seu inventor em 1637 num apêndice ("A geometria") de sua obra maior, *Discurso sobre o método*.

Plano cartesiano

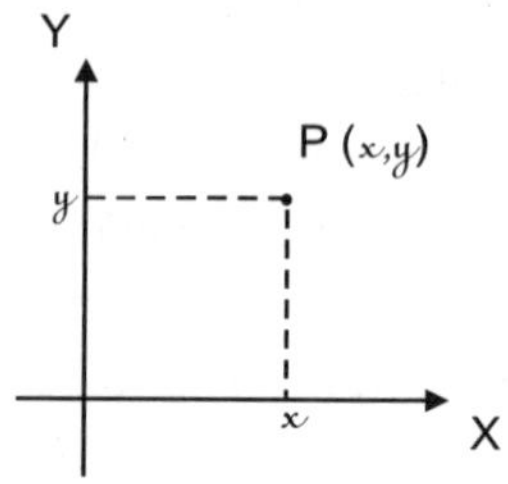

Um plano cartesiano consiste em dois eixos coordenados que permitem a localização unívoca de qualquer ponto em duas dimensões. O eixo das abcissas é usualmente representado pela letra *x*, e o eixo das ordenadas, pela letra *y*.

O plano cartesiano propiciou um grande avanço da matemática. A possibilidade de representar uma equação num gráfico (ou seja, de transformar uma fórmula numa curva) significava a perspectiva de obter soluções geométricas para problemas algébricos. Desse modo, tornava-se concebível pensar na taxa de variação de uma determinada quantidade como sendo a tangente da curva representada pela fórmula dessa quantidade.

Tangente da curva

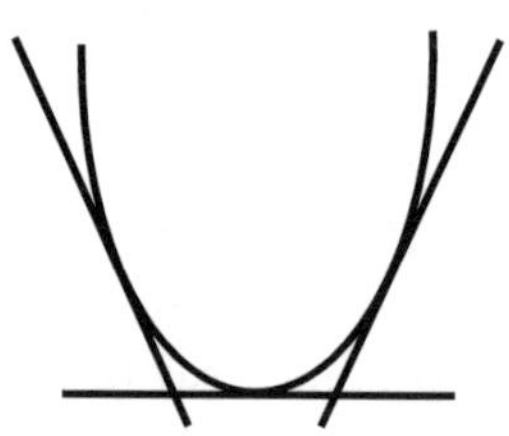

As tangentes são retas que nos permitem estudar o comportamento das curvas. Na figura, vemos exemplos de três tangentes de uma mesma curva (uma parábola). A tangente mais à esquerda denuncia o comportamento decrescente da curva. A tangente do meio mostra um ponto de valor mínimo, e a da direita, uma curva ascendente.

É claro que era mais fácil lidar com algumas curvas do que com outras. Para uma curva qualquer, precisava surgir um método que permitisse o cálculo de suas tangentes ponto a ponto, e este método era o cálculo.

Em *Análise* e em *Método,* Newton explorava o domínio dos infinitesimais, das quantidades muito pequenas. Essa idéia já existia na Grécia antiga, evidenciada nas muitas tentativas de "quadrar o círculo", ou seja, calcular a área de um círculo. Um dos métodos utilizados era inscrever um polígono no círculo e calcular a sua área. Assim, quanto maior o número de lados desse polígono inscrito (ou seja, quanto menor o comprimento de cada lado), maior seria a semelhança entre sua área e a do círculo.

Quadratura do círculo

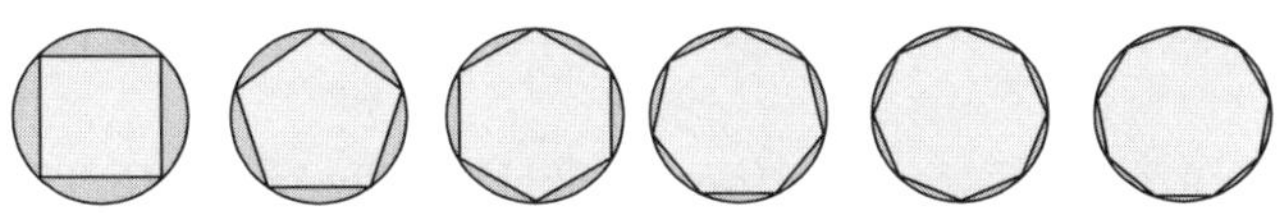

A figura mostra claramente que, quanto maior o número de lados do polígono inscrito no círculo, maior será a semelhança entre suas respectivas áreas. Extrapolando o raciocínio, vemos que o círculo pode ser considerado um polígono de infinitos lados.

O mesmo raciocínio podia ser usado para o cálculo de uma tangente. A curva original poderia ser "substituída" por uma série de segmentos de reta. Quanto menores fossem os segmentos, mais próxima seria essa figura da curva original.

Cálculo da tangente

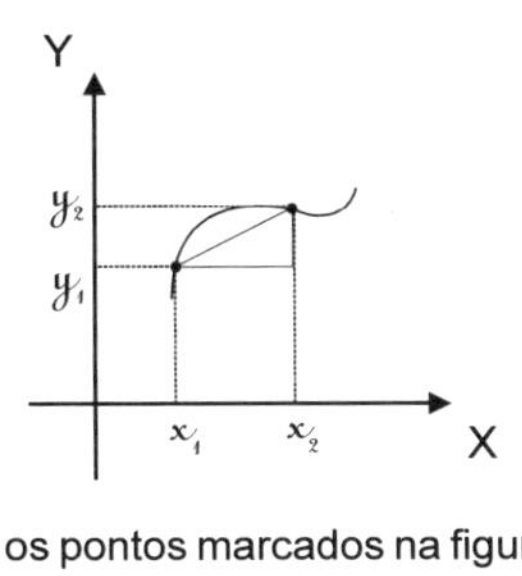

A reta que une os pontos marcados na figura pode ser obtida pelos valores de x_1, x_2, y_1 e y_2. Extrapolando esse raciocínio, se tomarmos um único ponto (x_1=x_2 e y_1=y_2), obteremos a tangente da curva naquele ponto.

O cálculo das tangentes — e também o das áreas definidas por curvas — era na verdade feito por meio da soma de infinitos termos. E de séries infinitas Newton entendia muito bem. Ao visualizar as curvas como pontos em movimento sobre o plano cartesiano, Newton criou o conceito de fluente (a quantidade em si, ou x) e fluxão (a taxa de variação desta quantidade, ou $\dot{x}$). Usando esse método, ele foi a primeira pessoa a calcular a área sob uma curva.

Em 1676 Newton escreveu outro trabalho, *Das áreas das curvas*, somente publicado em 1704, como um apêndice do livro *Ótica, ou um tratado sobre as reflexões, refrações, inflexões e cores da luz*, no qual tentava mudar sua abordagem, evitando fazer alusão às quantidades infinitamente pequenas e àquelas que fluem. Passou a chamar seu método de "primeiras e últimas razões", expressão usada em 1687, em *Princípios matemáticos da filosofia natural* (que iremos tratar aqui pelo termo latino *Principia*). Como os trabalhos anteriores sobre o tema demoraram a ser publicados, aquela era a primeira exposição pública da nova matemática.

Totalmente à parte disso, Gottfried Wilhelm Leibniz (1646-1716) avançava em seus estudos na Alemanha. Leibniz era um prodígio alemão, tendo sido aceito pela Universidade de Leipzig aos 15 anos. Aos 17 já era bacharel, e, quando tinha 20 anos, seu título de doutor em direito foi recusado, por ser o postulante considerado muito jovem. Ele doutorou-se em Nuremberg e depois ingressou no serviço diplomático, o que lhe permitiu viajar por toda a Europa. Em 1684, três anos antes da publicação do *Principia*, fez imprimir o *Novo método para máximos e mínimos*.

Tal como Newton, Leibniz percebia que a chave das quadraturas e tangentes residia nas quantidades infinitamente pequenas e observava que um processo era exatamente o inverso do outro. Mas, ao contrário de Newton, tinha um zelo incomum pela notação utilizada em seus trabalhos e gastou parte de seu tempo criando novos símbolos e representações.

Foi Leibniz quem inventou a notação dos diferenciais (*dx*, por exemplo), as menores diferenças possíveis. É dele também a invenção do *S* estilizado que representa uma integração. Também inventou os termos cálculo diferencial (*calculus differentialis*), para o cálculo das tangentes, e cálculo somatório (*calculus summatorius*), para o cálculo das áreas sob curvas. A expressão corrente que denomina esta última operação, cálculo integral, foi sugerida por Jacob Bernoulli (1654-1705) em 1690.

Para complicar a história, os matemáticos franceses, desde a época de Joseph-Louis Lagrange (1736-1813), consideram Pierre de Fermat (1601-1665) o verdadeiro inventor do cálculo, pelos trabalhos desenvolvidos sobre o cálculo de máximos e mínimos de um gráfico.[4]

Um pouco de ótica

Convém aproveitar o exílio de Newton para falar um pouco de suas conquistas na ótica, porque afinal, durante seu curto retorno a Woolsthorpe, ele também estudara essa área da física. Newton estava interessado tanto na natureza da luz — que julgava feita de partículas — quanto na origem das cores. O conceito então vigente sobre essa segunda questão dizia que as cores eram uma mistura de preto e de branco.

Em um quarto escurecido, Newton começou a realizar suas experiências sobre as cores. Fez um facho de luz solar atravessar um prisma e obteve um arco-íris. Isso não era novidade e já havia sido feito por muitos outros. A maioria dos estudiosos acreditava que as cores eram formadas no interior do prisma, por alguma propriedade misteriosa do vidro. Newton inovou ao acrescentar um segundo prisma ao experimento, recebendo os fachos coloridos de luz provenientes do primeiro. Para seu espanto, quando o segundo prisma era posto de cabeça para baixo, as cores que nele entravam saíam todas sob a forma de um único raio de luz branca.

Newton mostrou também, em seu célebre "experimento crucial" (*experimentum crucis*), que as diversas cores são refratadas em diferentes ângulos por um mesmo prisma. Após juntar as duas experiências (dois prismas, mas com um único raio de uma determinada cor), e não conseguindo reproduzir o feixe branco, Newton chegou à conclusão de que a luz branca era na verdade uma combinação de todas as cores do arco-íris. Para tirar qualquer dúvida quanto à influência do vidro na formação das cores e na recomposição da luz branca, construiu o famoso disco colorido. Girado em alta velocidade, para os observadores, o disco parecia branco. Newton provava assim que de fato a luz branca era uma composição das diferentes cores.

Quando retornou a Cambridge em 1666, de todas as descobertas que havia feito em seu exílio, Newton estava pronto apenas para relatar aos colegas os resultados sobre a natureza das cores. Isso foi suficiente para deixá-lo em posição confortável e para qualificá-lo a assumir uma cátedra no Trinity College.

[4] Não custa lembrar que, nos pontos em que os valores de uma curva são máximos ou mínimos, ela (a curva) está mudando de "direção", de curva crescente para decrescente (máximo), ou vice-versa (mínimo). Nesses pontos, a tangente à curva é paralela ao eixo das abcissas (x). Assim, um problema que trate de máximos e mínimos é na verdade um problema de cálculo diferencial, como foi mostrado por Leibniz.

Experimento crucial

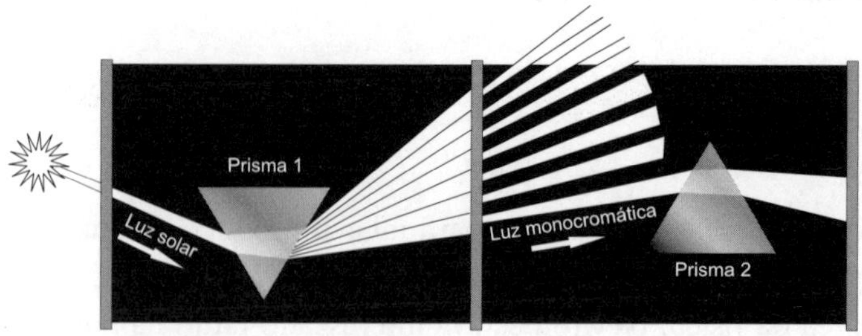

A luz solar é refratada pelo primeiro prisma, o que provoca um espalhamento multicolorido. O segundo prisma refrata a luz de uma única cor, que se mantém inalterada. Conclusão de Newton: a luz branca é composta por todas as cores do arco-íris.

Uma das aplicações práticas de sua teoria veio sob a forma de um novo tipo de telescópio. A teoria de que as cores existiam na luz branca, independentemente da pureza do vidro dos prismas, levou-o a pesquisar uma solução para os telescópios. Era claro para ele que, enquanto a luz fosse obrigada a atravessar vidros, a refração transformaria raios brancos em pequenos arco-íris, prejudicando o resultado final da observação.

Embora não desacreditasse por completo do telescópio refrator — que usava lentes para concentrar os raios de luz —, Newton projetou um telescópio refletor, que coletava a luz por meio de um espelho côncavo no interior de um tubo. Apresentou seu projeto na proposição 8 do seu livro *Ótica*. Muito antes disso, porém, já havia construído dois modelos com os quais maravilhou a comunidade científica de Cambridge. Foi graças ao telescópio que Newton começou a se tornar famoso.

A grande vantagem do telescópio newtoniano — além de eliminar a aberração cromática produzida pelas lentes — era encurtar o tamanho do tubo. Aliás, na proposição 8 do *Ótica* estava simplesmente: "Para encurtar telescópios." Isso fica evidente quando se percebe a diferença entre os caminhos percorridos pela luz coletada nos dois modelos de telescópio. Quando se usa um espelho, os raios convergentes de luz que formam a imagem no foco do aparelho são projetados para frente, utilizando a mesma parte do tubo que os raios incidentes originais, e não a de trás, como acontece num telescópio refrator. Assim, o telescópio original de Newton tinha cerca de 15cm de comprimento, mas representava um poder de aumento maior do que o de um refrator de 1,80m de comprimento: cerca de 40 vezes.

Dois tipos de telescópio

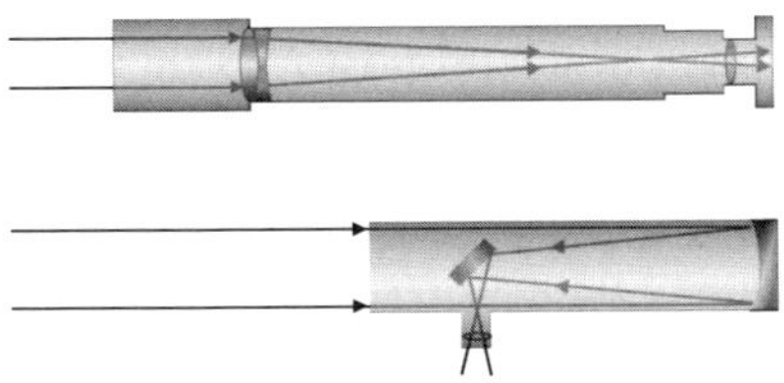

O esquema de cima representa um telescópio refrator (com lentes); o de baixo, um telescópio refletor (com espelhos). Ambos têm a mesma distância focal, mas o refletor é bem mais curto; e, portanto, de mais fácil manuseio.

Graças a seus trabalhos em ótica Newton foi eleito membro da Royal Society em 1671. Dois anos antes havia "herdado" de Isaac Barrow a cadeira de professor lucasiano. Sua carreira não podia andar melhor...

Uma pedra no sapato de Newton

Aqui entra um obstáculo na história. Robert Hooke era um gênio experimental, mas tinha pouca intuição sobre os fenômenos físicos. Com a publicação dos trabalhos de Newton sobre ótica pela Royal Society, em 1672, Hooke — que tinha poder político na sociedade científica — publicou um duro artigo de crítica. Daí nasceria uma inimizade que iria durar para o resto da vida.

A primeira reação de Newton ao artigo foi explicar a Hooke suas idéias, e os dois trocaram várias cartas. Quando o primeiro publicou uma segunda versão de suas propostas, foi acusado de plágio pelo segundo. Enfurecido, Newton renunciou à sua cadeira na Royal Society (renúncia que não foi aceita) e passou os 15 anos seguintes sem publicar nada.

O nome de Robert Hooke sobrevive na física colegial dos dias de hoje graças à descoberta da força de uma mola. Segundo suas próprias palavras, "tal distensão, qual força", ou seja, a força exercida por uma mola é proporcional à sua distensão. Em forma de equação (não tão popular) isso vira $F = -kx$ (k é a constante de proporcionalidade, e o sinal negativo apenas indica que a força é contrária ao deslocamento da mola). Além disso, Hooke fez várias descobertas por conta própria, sendo mais conhecido pela formulação de uma lei de elasticidade e pelo livro *Micrografia* (1665), no qual descrevia suas observações ao microscópio. É de Hooke o termo célula.

Pouco depois da morte de sua mãe, em 1679, Newton recebeu uma carta de Hooke, tentando aparar as arestas. Newton não deixara de odiar o seu rival, mas interessou-se pelo problema por ele proposto: os movimentos planetários. Hooke sugeria a Newton que a órbita dos planetas era resultante de uma força central, e que muito provavelmente essa força deveria ser proporcional ao inverso do quadrado da distância entre os corpos (o famoso $1/r^2$). Isso queria dizer que, se dobrássemos a distância entre os corpos, a força de atração cairia para um quarto da original.[5]

Curiosamente foi esta carta de Hooke que trouxe Newton de volta aos assuntos da física.

O inverso do quadrado da distância

O astrônomo Edmund Halley (1656-1742) fez em 1684 uma visita a Newton, em Cambridge. Sua motivação principal era introduzir o professor lucasiano na discussão que havia se estabelecido na Royal Society, entre Halley, Hooke e Cristopher Wren (1632-1723), a respeito da força que mantinha os planetas em órbita. Baseados nas leis de Kepler, os três já sabiam que a força que move os planetas é proporcional ao inverso do quadrado da distância, mas nenhum deles tinha um fundamento matemático para essa afirmação. Hooke afirmava que possuía as provas matemáticas necessárias, mas que não as apresentaria à comunidade científica para que os colegas apreciassem seus resultados, porque eles podiam tentar e falhar. Halley e Wren mostravam-se céticos.

Halley e Wren

Edmund Halley contribuiu enormemente para o estudo dos movimentos dos cometas. Em 1705 afirmou que os cometas avistados em 1531, 1607 e 1682 eram na verdade um só. Previu ainda que o mesmo corpo celeste retornaria em 1758 (16 anos depois da morte de Halley).

O cometa de fato retornou, e tem feito isso a cada 76 anos aproximadamente.

Cristopher Wren, o famoso arquiteto londrino que projetou e construiu a catedral de São Paulo, era um exímio matemático e membro fundador da Royal Society.

[5] O que Hooke não sabia é que Newton já tinha resolvido esse problema (a matemática envolvida numa força do tipo "inverso do quadrado da distância") em sua estada em Woolsthorpe, havia mais de uma década.

Halley não foi a Cambridge exclusivamente para falar com Newton, visto que mais de seis meses haviam se passado entre a discussão com Hooke e Wren e a sua viagem. Mas, uma vez em Cambridge, procurou o professor, esperando que ele pudesse avançar na solução do problema do movimento planetário. Indo direto ao ponto, Halley perguntou a Newton que tipo de curva fariam os planetas se estivessem sujeitos a uma força do tipo $1/r^2$. Este respondeu imediatamente que a curva seria uma elipse e confessou a Halley que já havia feito esse cálculo.[6]

Newton alegou não ter os cálculos disponíveis e ficou de mandá-los a Halley mais tarde. Em novembro de 1684, o astrônomo recebia um tratado de nove páginas, intitulado *Do movimento dos corpos em órbita*. Nele, Newton mostrava não só que uma órbita elíptica pressupunha uma força proporcional ao inverso do quadrado da distância, como também invertia e generalizava o problema, demonstrando que tal força implicava um movimento segundo uma cônica (elipse, parábola ou hipérbole), de acordo com a velocidade do corpo em órbita.

O tratado incendiou a comunidade científica inglesa, inclusive pelas acusações de plágio feitas por um amargurado e falido Hooke, então secretário-geral da Royal Society. De fato, cinco anos antes da preparação do trabalho, Newton havia recebido a carta de Hooke que o tirara do torpor em que se encontrava. Mas em momento algum ele lançara mão dos conhecimentos ali existentes para resolver o problema proposto.

Halley conseguiu habilmente contornar a fúria reacesa de Newton, tarefa nada fácil. Convenceu-o a expandir seu tratado, reunir seus trabalhos inéditos e apresentá-los para publicação, com o apoio financeiro do próprio Halley. Newton gastou quase três anos nessa empreitada e, quando terminou, o projeto original de *Do movimento* havia se transformado num volumoso conjunto de três livros, a mais importante publicação da história da física, conhecido como *Principia*.

O *Principia*

Segundo Newton, o assunto retratado em *Principia* era a "mecânica racional", ou mecânica teórica. Newton se opunha ao nome cunhado por Leibniz, "dinâmica", empregado até hoje. Nas palavras de Newton, "Galileu começou a consi-

---

[6] O raciocínio de Halley e seus contemporâneos era o seguinte: como sabemos que os planetas descrevem uma elipse, se provarmos que uma força do tipo $1/r^2$ obriga os corpos a percorrer uma elipse, então a força que prende os planetas em sua órbita é desse tipo.

derar os efeitos da gravidade sobre os projéteis. O senhor Newton, em seu *Principia Philosophiae*, aprimorou essa consideração numa grande ciência. O senhor Leibniz batizou a criança com um novo nome, como se fosse o pai, chamando-a *Dynamica*".

O grande feito de Newton — o maior de todos — foi dar um basta à divisão aristotélica do Universo em mundos sublunar e supralunar. No *Principia*, Newton mostrou que as leis que regem os astros são as mesmas leis físicas que atuam na Terra. Também enumerava suas três famosas leis da mecânica.

As Leis de Newton*

1. Todo corpo persevera em seu estado de repouso ou de movimento retilíneo uniforme, a não ser que seja compelido à mudança por forças nele exercidas.
2. Uma alteração no movimento é proporcional à força motriz exercida e se dá ao longo da direção em que esta força é exercida.
3. Para qualquer ação há sempre uma reação oposta e igual; em outras palavras, as ações de dois corpos um sobre o outro são sempre iguais e em direções opostas.

* Traduzidas para o português a partir da versão em inglês do *Principia* feita por I. Bernard Cohen.

O *Principia* pode ser dividido em seis partes distintas. Em primeiro lugar estão as definições, que são oito, seguidas por um breve escólio (ou comentário). Cabe destacar duas dessas definições (a primeira e a quinta): "quantidade de matéria é a medida de matéria que vem da densidade e do volume conjuntamente"; "força centrípeta é a força pela qual os corpos são atraídos por todas as suas partes, são impulsionados, ou, de qualquer modo, tendem a um ponto como se fosse ao centro". O primeiro enunciado nada mais é do que a definição de "massa", quantidade de matéria. Já a quinta definição é fundamental para o que ainda vamos ver a seguir. Nela Newton definia um tipo de força, a "centrípeta", atrativa e direcionada a um ponto, o "centro". Ele criava o termo "centrípeta" em analogia ao já existente "centrífuga", cunhado pelo astrônomo holandês Christiaan Huygens (1629-1695), em referência a uma força que afasta os corpos do centro. No escólio que se segue às definições, Newton construía seus conceitos complementares de espaço absoluto, tempo absoluto, posição e movimento absoluto.

Desbravando o *Principia*

Depois das definições iniciais vêm os axiomas, ou leis de movimento (as já citadas), que, em linguagem moderna, costumamos denominar de "lei da inércia" (primeira), $F = ma$ (segunda) e "lei da ação e reação" (terceira). Às leis, seguem-se seis corolários e um escólio.

O livro I, intitulado "O movimento dos corpos", é dividido em 14 seções, contendo um total de 98 proposições, além de problemas, lemas e corolários. A primeira seção é toda dedicada ao "método das primeiras e últimas razões", nome que Newton dava ao seu cálculo, naquela época. A partir daí ele descrevia em detalhes o movimento de corpos sujeitos a uma força do tipo centrípeta, tal como já definida.

No livro II, de mesmo título do livro anterior, Newton tratava do movimento dos corpos na presença da força de atrito, ou, como ele mesmo explicava, "o movimento de corpos que sofrem resistência proporcional às suas velocidades". São nove seções, 53 proposições, vários teoremas, lemas, problemas e corolários.

No livro III, "O sistema do mundo", Newton finalmente fazia a unificação dos domínios distintos, mostrando que a mesma força que faz uma maçã cair mantém a Lua em sua órbita. Esse livro contém quatro "regras para os estudos da filosofia natural", seis fenômenos observados a respeito do Sistema Solar e uma série de 42 proposições. É nele que a trama se adensa. Caso se fizesse um filme baseado nesse livro (o que é bastante improvável), seria no escólio da proposição 5 que ouviríamos a música subir, a cadência aumentar, revelando que algo realmente digno de nota estava prestes a acontecer.

Na proposição 4 Newton mostrava como a Lua era atraída em direção à Terra pela força da gravidade. Na proposição cinco ele estendia o argumento às luas de Júpiter e Saturno, em relação aos seus respectivos planetas (Newton usava a nomenclatura comum de sua época, "planetas circunjovianos" e "planetas circunsaturnianos", respectivamente). E no escólio a essa proposição ele finalmente terminava com a charada construída desde o livro I, afirmando: "até agora chamamos de 'centrípeta' a força que mantém os corpos celestiais em suas órbitas. Foi agora estabelecido que essa força é a gravidade, e ela será chamada de gravidade daqui por diante."

A essa revolução timidamente escrita num escólio segue-se a sexta proposição, que generaliza as duas anteriores. E a esta segue-se a sétima, a mais bela de todas: "a gravidade existe em todos os corpos universalmente e é proporcional à quantidade de matéria em cada corpo." Estava formulada a lei de gravitação universal.

Juntando-se essa proposição ao fato já estabelecido de que a força entre os planetas era proporcional ao inverso do quadrado da distância, Newton concluía que a força da gravidade era proporcional ao seguinte fator: $(M_1M_2)/r^2$, em que os M representam as massas dos dois corpos, e r é a distância entre eles.

Newton preocupava-se pouco em calcular o valor da força resultante dessa atração mútua, satisfazendo-se com o mais difícil: entender a natureza do fenômeno. Posteriormente, a proporcionalidade entre a força e as massas (e ao inverso do quadrado da distância) passou a ser representada pela constante universal da gravitação, G. A força da gravidade ficou assim: $F = (GM_1M_2)/(r^2)$.

A balança de torção

A balança de torção construída por John Michell (1724-1794) em 1790 era um equipamento projetado para medir a atração gravitacional entre dois corpos (usavam-se esferas de chumbo).

Em 1798 Henry Cavendish (1731-1810) obteve o valor numérico da constante de gravitação G empregando esse mesmo aparato. Ele mediu cuidadosamente a força entre as esferas e, sabendo suas massas e sua distância, calculou o valor de G.

Mas isso só aconteceria mais de cem anos depois da primeira publicação do *Principia*.

Ação a distância

O grande problema que a lei da gravitação universal enfrentou em seu tempo foi o conceito de "ação a distância". A incipiente física do século XVIII não conseguia entender como o Sol poderia exercer uma força sobre os planetas se eles não estavam em contato; ou a Terra e a Lua, ou Júpiter e seus satélites. A generalização da força da gravidade, tão bem conhecida na Terra, exigia que ela se espalhasse misteriosamente pelo espaço interplanetário, agindo sobre corpos distantes. A teoria vigente pré-gravitação universal não pressupunha a "ação a distância". Até então o movimento planetário era explicado por meio dos vórtices sugeridos por René Descartes.

Ao contrário da maioria dos pensadores de sua época, Descartes não via em Aristóteles um rival que tivesse de ser desafiado. Para o filósofo francês, as idéias aristotélicas já haviam desabado por si mesmas. A questão não era destruir o pensamento de Aristóteles, mas sim divisar algo que pudesse ocupar o seu lugar. Assim nasceu a filosofia da dúvida.

Descartes pensou bastante sobre a matéria e sobre o espaço. Para ele, a matéria definia-se por formato, tamanho e localização. Qualquer outro atributo (cor, cheiro etc.) tornava-se irrelevante em seu pensamento. Assim, reduzida a tamanho, forma e local, a matéria era a melhor definição de espaço. Na visão cartesiana, matéria e espaço eram idênticos.

Dessa idéia Descartes concluía que o espaço era matéria (curiosamente reforçando o ideal aristotélico de que a "natureza tem horror ao vácuo") e que os planetas estavam embebidos nesse espaço (que era matéria). E o espaço girava ao redor do Sol, formando um redemoinho que carregava consigo os planetas. Eram esses os vórtices cartesianos. A Terra, por sua vez, gerava um pequeno vórtice ao seu redor, arrastando a Lua em sua órbita. O mesmo ocorria com os outros planetas. Essa teoria não se apoiava na "ação a distância", mas num contato bastante real e imediato entre planetas e luas e o espaço girante que os continha.

Mas, se os planetas geravam seus próprios vórtices, seria natural que eles fossem alongados na direção dos pólos, como se estivessem sendo "sugados" em direção ao ponto de escoamento, o "ralo". Já a teoria de Newton previa que a forma dos planetas era explicada pela gravidade, e que seu movimento próprio de rotação produzia neles uma deformação — um achatamento nos pólos. Tratava-se, portanto, de duas teorias concorrentes, prevendo resultados opostos.

Em 1733, o matemático francês Pierre Louis de Maupertuis (1698-1759) apresentou à Academia Francesa de Ciências um trabalho intitulado *Sobre a forma da Terra*, no qual discutia o problema. Dois anos depois o geógrafo Charles de La Condamine (1701-1744) confirmou a previsão newtoniana de que a Terra era achatada nos pólos (e não alongada, como dizia Descartes), ao medir o grau de arco do meridiano que passa por Quito, no Equador.

Outro "prego no caixão" dos vórtices cartesianos foi o retorno de um cometa em 1758, como Halley havia previsto, de acordo com as leis de Newton. Para Descartes, os cometas seriam estrelas mortas, atraídas pelo vórtice solar, um fenômeno completamente aleatório e imprevisível.

A gravitação universal estava assim experimentalmente comprovada. Ficava valendo, então, a misteriosa "ação a distância", porque ainda não se havia criado o conceito de campo gravitacional...

O ocaso de um gênio

O *Principia* demorou quase 40 anos para atingir sua forma final e foi publicado pela primeira vez em 1687. Uma segunda edição revisada foi lançada em 1713, e a terceira versão — a final — foi apresentada ao público somente em 1726, um ano antes da morte do autor. Andrew Motte fez em 1792 uma tradução do livro (escrito originalmente em latim), que foi sendo corrigida e revisada ao longo do tempo. A tradução, bastante árida, por ser escrita em linguagem da época, era a única completa disponível, até o lançamento de uma nova tradução feita por I. Bernard Cohen em 1999, acompanhada por um guia para o leitor.

Newton não aproveitou bem a fama que veio com a publicação do *Principia*. Seis anos depois da primeira edição ele sofreu um esgotamento nervoso e abandonou as pesquisas, mudando-se de Cambridge para Londres, onde passou a trabalhar na Casa da Moeda. Tornou-se diretor dessa repartição em 1699 e finalmente renunciou ao seu posto na universidade, em 1701.

À frente da Casa da Moeda, Newton usou seu gênio para divisar novos métodos de cunhagem e direcionou sua fúria obsessiva contra os falsificadores de dinheiro. Em 1703 foi eleito presidente da Royal Society, tendo sido reeleito consecutivamente até o ano de sua morte. Em 1705 foi nomeado pela rainha Anne Cavaleiro da Coroa.

Muito pouco produziu Newton nesse período. Usou sua influência política para editar obras inéditas[7] e também para lançar novas versões de obras antigas, entre as quais o *Principia*. Escreveu nesse período distanciado da ciência muitos trabalhos relativos aos seus estudos bíblicos, como, por exemplo, *Sobre as profecias de Daniel*. Usou também sua influência na Royal Society para perseguir Leibniz e tentar, ainda em vida, estabelecer a verdadeira paternidade do cálculo.

Isaac Newton morreu em 20 de março de 1727, aos 84 anos. Deixou para a humanidade um dos maiores legados científicos: a união dos mundos díspares criados por Aristóteles.

[7] A publicação de novos textos de Newton coincidiu com a morte de seu grande inimigo intelectual, Robert Hooke. É possível que Newton tenha se sentido motivado a publicar seus trabalhos sabendo que Hooke não estava mais vivo para acusá-lo de plágio, como sempre fazia.

5 | A luz

> A natureza da luz é algo que tem pouca importância para a vida ou para as artes, mas é extremamente interessante em vários outros sentidos.
>
> THOMAS YOUNG

Reflexão, refração, inflexão

Em meados do século XVIII havia duas teorias distintas e rivais a respeito da luz. Para o astrônomo holandês Christiaan Huygens, a luz era uma onda. Para o físico inglês Isaac Newton, era composta por partículas.

Huygens

Filho do poeta renascentista Constantin Huygens, Christiaan entrou para a história da ciência como o descobridor dos anéis de Saturno. Além disso, descobriu Titã, o maior satélite saturniano. Huygens inventou o relógio de pêndulo, trazendo uma precisão inédita à marcação do tempo.

Curiosamente Newton e Huygens estavam certos. E errados! Mais adiante iremos tratar da estranha natureza da luz, tal como a conhecemos hoje. Por ora fiquemos no século XVIII.

O ano de 1730 foi o da publicação póstuma da quarta edição do tratado newtoniano sobre ótica, *Ótica, ou um tratado sobre as reflexões, refrações, inflexões e cores da luz*. Aqui convém dedicar algum tempo para falar sobre os termos usados no subtítulo deste capítulo: reflexão, refração e inflexão. Desses termos que representam três fenômenos observados na propagação de um raio de luz, o mais comum é reflexão, e o leitor não terá problemas para entendê-lo. Basta olhar a sua volta para perceber o que é: os raios de luz atingem uma superfície e têm seu caminho alterado, obedecendo a uma lei conhecida desde a época de Aristóteles e Euclides ("o ângulo de incidência é igual ao ângulo de reflexão").[1]

Reflexão

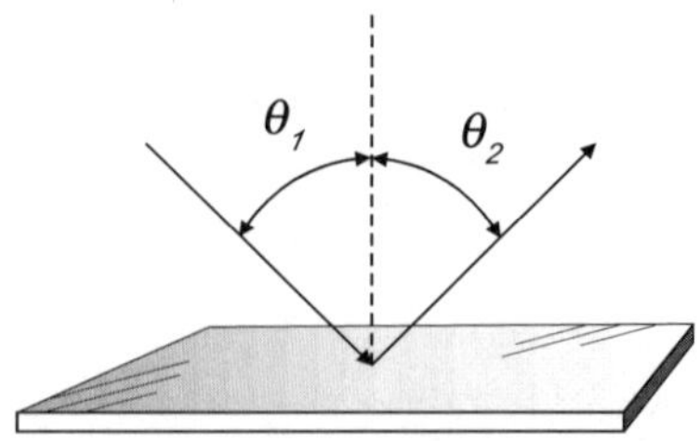

Ao encontrar uma barreira, o raio de luz muda de direção. Os ângulos de incidência (θ_1) e de reflexão (θ_2) são medidos com referência à direção normal com relação à fronteira e têm o mesmo valor.

A refração nada mais é do que a mudança de direção que um raio de luz sofre quando se altera o meio de propagação (por exemplo, do ar para a água). É ela que faz uma colher parecer torta quando está semi-imersa num copo com água (o exemplo é velho e batido, eu sei, mas continua válido e útil).

Refração

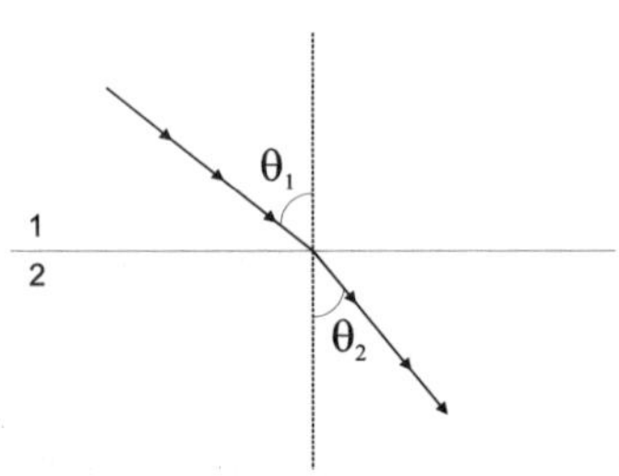

O raio de luz, ao passar de um meio de propagação para outro, muda de direção. Os ângulos de incidência (θ_1) e de refração (θ_2) são medidos com referência à direção normal com relação à fronteira de separação dos meios.

[1] Se a superfície é polida, ocorre a reflexão regular: os raios paralelos são refletidos paralelamente e o observador vê a imagem do objeto em questão (ou seja, a superfície é um espelho). Se os raios paralelos são refletidos em direções aleatórias, ocorre a reflexão difusa.

Sem entender as causas do fenômeno, o físico holandês Willebrord Snell (1580-1626) formulou sua lei de refração (não por acaso conhecida como lei de Snell) em 1621. Ela relacionava os ângulos de incidência (ângulo com que o raio de luz atinge a superfície que limita os dois meios distintos) e refração (ângulo com que o raio de luz deixa essa mesma superfície após atravessá-la) usando uma propriedade dos meios materiais conhecida como "índice de refração". Cada material tem seu próprio índice de refração, e é justamente quando há dois materiais distintos justapostos (dois índices de refração diferentes) que ocorre o fenômeno, ou seja, a mudança na direção da propagação do raio de luz.

Por fim, a inflexão é um fenômeno menos comum. O nome atual — e (não tão) popular — é difração e foi cunhado por seu descobridor, o físico italiano Francesco Grimaldi (1618-1663). Newton usava o termo comum na Inglaterra, "inflexão" (curiosamente criado por Robert Hooke, seu arquiinimigo). O grande trabalho de Grimaldi, *Estudos físico-matemáticos da luz, das cores e do arco-íris*, foi publicado postumamente em 1665. O tratado mostrava resultados curiosos a respeito da propagação da luz através de fendas estreitas: quando o raio de luz atravessava duas aberturas estreitas e sucessivas, o padrão luminoso era diferente daquele obtido quando a luz viajava em linha reta. As fendas pareciam fazer a luz se espalhar. Este era o fenômeno da difração (para Newton, inflexão).

Difração

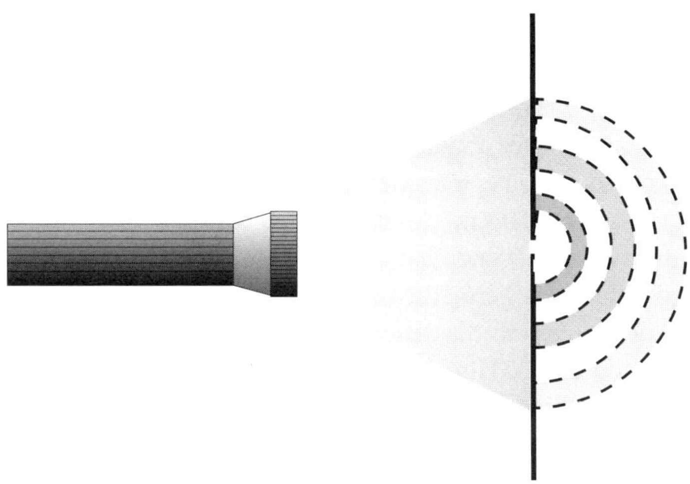

Ao passar por uma fenda estreita, a luz se espalha, "abrindo" sua direção original de propagação. Este é o fenômeno da difração.

Digressão mecânica

Ao estudar a refração, o matemático francês Pierre de Fermat mostrou que a lei de Snell poderia ser comprovada supondo-se que um raio de luz percorria o menor caminho possível ao mudar de meio de propagação. Essa idéia ficou conhecida como "princípio do tempo mínimo".

A última conjectura de Fermat

Fermat ficou bastante famoso entre os amantes da ciência por ter enunciado um teorema matemático que ficou sem prova por mais de 300 anos. Seu famoso enunciado dizia que a equação $x^n+y^n=z^n$ não tinha solução para números x, y e z inteiros, quando $n>2$. (O caso $n=2$ é o famoso teorema de Pitágoras, onde x e y são os catetos do triângulo retângulo, e z é a hipotenusa.)

Na margem de um livro, Fermat escreveu: "Eu descobri uma prova realmente digna de nota, que esta margem é muito pequena para conter." Infelizmente, sem essa prova, o teorema era apenas uma conjectura, aliás finalmente comprovada em 1994 pelo matemático britânico Andrew Wiles.

Pierre Louis de Maupertuis, de quem já falamos, estendeu o trabalho de Fermat para outros campos, sempre usando o conceito de "menor caminho". Ele não era um matemático tão bom quanto Fermat, mas foi dele a idéia de aplicar esse princípio (que acreditava ser o princípio fundamental da mecânica, do qual todas as outras leis poderiam ser obtidas) a uma vasta gama de problemas.

Para fazer isso, argumentou que a "economia" defendida por Fermat não deveria ser pensada em relação ao tempo gasto num processo, mas a uma nova quantidade física que ele denominou "ação". Maupertuis transformou o princípio de tempo mínimo de Fermat num princípio de ação mínima.

A "ação" de Maupertuis era definida como o produto da distância percorrida pela velocidade do corpo. Hoje sabemos que ele estava errado. Ação (agora já sem as aspas) é o produto do momento (massa vezes velocidade) pela distância. Ainda assim, o grande passo de Maupertuis foi argumentar que se obtinha a "economia" quando a partícula escolhia o trajeto cuja ação era mínima. Dois físicos usaram o princípio da ação mínima para revolucionar o modo como eram resolvidos e entendidos os problemas da física newtoniana: Lagrange e Hamilton.

As equações de Newton haviam sido construídas para lidar com o movimento de uma partícula. Quando aplicadas a um grupo grande de partículas (o que em física chamamos de *ensemble*), elas tornavam-se difíceis e complicadas. Joseph-Louis Lagrange empregou argumentos físicos e geométricos para simplificar o problema, introduzindo vínculos entre as várias partículas do *ensemble* e diminuindo o número de equações necessárias para descrever o sistema. Além disso, utilizou aquilo que chamou de "coordenadas generalizadas", desemaranhando ainda mais a matemática envolvida. A partir daí criou uma função — a lagrangiana — que permitia obter as equações de movimento (tal como propostas por Newton) de um modo muito mais fácil. A lagrangiana era e até hoje é construída a partir do princípio da ação mínima.

O matemático irlandês William Hamilton (1805-1865) também criou uma função — a hamiltoniana — que permitia recuperar as equações de movimento de um sistema de modo muito mais simples e elegante do que o original proposto por Newton. Publicou um artigo em 1833, *Sobre o método geral de expressar os caminhos da luz e dos planetas através dos coeficientes de uma função característica*, e essa "função característica" era nada mais nada menos do que a própria hamiltoniana. No texto Hamilton fazia um resumo dos trabalhos de Fermat, Maupertuis e Lagrange, mostrando que todos no fundo estavam dizendo a mesma coisa com seus diferentes "princípios de economia". Reunindo o conhecimento existente, produziu uma síntese das leis da ótica e da mecânica newtoniana.

Em linguagem atual, a lagrangiana é definida como a energia cinética menos a energia potencial. Já a hamiltoniana é a energia cinética mais a energia potencial (ou seja, é a energia total). Hoje em dia os problemas de mecânica clássica são todos resolvidos por essas duas formulações. Por representar a energia de uma partícula, a função hamiltoniana teve um papel decisivo no nascimento da mecânica quântica.

De volta à luz

Antes de desviar para a mecânica, voltemos ao tratado de Newton a respeito da luz (*Ótica*). Em sua forma final, a quarta edição, o volume divide-se em três livros. (Para descrevê-los a seguir, apóio-me na apresentação de André Koch Torres Assis, que acompanha a versão brasileira desse trabalho de Newton, publicada pela Editora da Universidade de São Paulo.)

O Livro I trata essencialmente da decomposição da luz branca nas cores do arco-íris. Está dividido em duas partes que contêm ao todo oito definições, oito axiomas, 19 proposições e 33 experiências. O Livro II dedica-se basicamente ao fenômeno que desde então ficou conhecido como "anéis de Newton".

Anéis de Newton

Pergunte a um fotógrafo profissional o que são os anéis de Newton, e ele certamente saberá responder. O site da Kodak na internet diz que são "faixas concêntricas de luz colorida vistas ao redor de uma área na qual duas superfícies transparentes se interpõem, muito próximas uma da outra, mas não exatamente em contato". O mesmo site explica ainda que esses anéis são causados pela interferência e ocorrem sempre que a separação entre as superfícies em questão é da mesma ordem de grandeza do comprimento de onda da luz.

O Livro III contém 11 observações sobre a difração da luz, seguidas por 31 questões propostas por Newton. As questões são de longe a parte mais instigante do livro, sendo inclusive a seção em que ele discorre sobre sua crença na criação divina do mundo e das coisas (ao final da famosa questão 31). Das 31, apenas 16 constavam da primeira edição em inglês, de 1704. A tradução para o latim, feita em 1706, incluía mais sete questões que seriam numeradas de 25 a 31 nas próximas edições de língua inglesa, e oito novas (17 a 24) foram incluídas nas novas edições, completando a obra.

Essas questões representavam fatos importantes no interior das idéias de Newton. Todas elas eram propostas negativas, e para cada uma delas o autor oferecia sua resposta. Reproduz-se aqui, a partir da edição da USP, as três últimas questões:

> Questão 29: os raios de luz não são corpos minúsculos emitidos pelas substâncias que brilham?
>
> Questão 30: não são os corpos pesados e a luz capazes de ser convertidos um no outro, e não podem os corpos dever grande parte de sua atividade às partículas de luz que entram em sua composição?
>
> Questão 31: não têm as pequenas partículas dos corpos certos poderes, virtudes ou forças por meio dos quais elas agem a distância não apenas sobre os raios de luz, refletindo-os, refratando-os e inflectindo-os, mas também umas sobre as outras, produzindo grande parte dos fenômenos da natureza?

Às três questões acima (na verdade, a todas as 31), Newton respondia afirmativamente. A primeira delas (questão 29) deixava clara a natureza da luz segundo Newton:

corpuscular. Curiosamente, a questão 30 antecipava um resultado que seria obtido por Albert Einstein, ao formular sua teoria da relatividade especial, em 1905. Respondendo à última, Newton se estendia mais do que nas outras, fazendo um breve resumo de todo o *Ótica* e do método por ele utilizado para realizar seus estudos.

A luz newtoniana era composta de partículas, e isso era usado por Newton para explicar o que acontecia durante o fenômeno da refração. A lei de Snell já dizia que, ao sair de um meio menos denso e entrar num meio mais denso (do ar para a água, por exemplo), o raio de luz se afastava da superfície de contato entre os meios.

Newton — e também Descartes — acreditava que os corpúsculos luminosos sofriam um choque violento ao entrar num meio mais denso. Essa idéia — tomada em conjunto com a lei de Snell e alguns cálculos matemáticos — levou-o à conclusão de que os raios luminosos aumentavam de velocidade ao entrar em meios mais densos. Segundo a teoria corpuscular da luz, então, a velocidade aumentava quando aumentava a densidade de seu meio de propagação.

A teoria concorrente, proposta por Huygens em seu *Tratado de luz*, de 1690, dizia justamente o oposto. Segundo ele, o espaço estava preenchido por uma substância que chamou de éter (e que de comum com o éter de Aristóteles só tinha o nome), e seria a oscilação desse éter que veríamos como luz. Afinal, se a luz era uma onda, ela precisava "ondular" alguma coisa (uma onda não é algo em si, e sim a perturbação de um meio material). De acordo com a teoria ondulatória de Huygens, um raio de luz deveria ser retardado ao entrar num meio mais denso.

Aparentemente bastava que se medisse a velocidade da luz no ar e na água, por exemplo, para saber em que meio ela era mais rápida, decretando o sucesso de uma teoria e o fracasso da outra. Como medir a velocidade da luz não é nada fácil, isso só foi feito em 1850, mas nessa época já estava bem estabelecido que a luz era uma onda.

A velocidade da luz

As discussões sobre a velocidade da luz remontam ao tempo de Aristóteles, que citava Empédocles: a luz do Sol deveria gastar um certo tempo para chegar até a Terra. O próprio Aristóteles discordava disso, e, como já vimos, as idéias aristotélicas tornaram-se o paradigma científico dominante por cerca de dois mil anos. Nesse ponto até René Descartes podia ser considerado aristotélico.

A primeira pessoa a registrar uma tentativa de cálculo da velocidade da luz foi Galileu Galilei. Em seu *Discurso e demonstrações matemáticas a respeito de duas novas ciências*, de 1638, Galileu usava um personagem, Simplício, para afirmar que "a experiência cotidiana nos mostra que a propagação da luz é instantânea; pois quando vemos uma peça de artilharia sendo disparada a distância, o clarão nos alcança os olhos sem ter-se passado tempo algum; mas o som chega-nos aos ouvidos apenas após um certo intervalo".

Galileu respondia ao seu interlocutor explicando que isso só provava que a luz era muito mais rápida do que o som. A seguir, sugeria a seguinte experiência para medir a velocidade da luz: duas pessoas, bem distantes uma da outra, seguravam lanternas devidamente cobertas. Uma delas descobria a lanterna, e a outra, ao ver a luz do colega, descobria a sua também. O intervalo de tempo entre o aparecimento do primeiro clarão e o do segundo seria usado para calcular a velocidade da luz, uma vez que se conhecia a distância entre as duas pessoas.

Apesar de boa, a idéia tornou-se inútil, pela grandeza da velocidade envolvida. Hoje sabemos que a velocidade da luz é de cerca de 300 mil quilômetros por segundo (km/s), e que seu valor preciso é de 299.792,458km/s. Não havia como os ajudantes de Galileu detectarem o mínimo intervalo de tempo entre a aparição de um facho e de outro. Ainda assim, o grande mestre foi cauteloso e disse que a velocidade da luz, "se não é infinita, é muito grande".

A primeira pessoa a calcular isso foi Ole Römer (1644-1710), um astrônomo dinamarquês. Quando foi aceito para o Observatório de Paris, em 1671, Römer começou a trabalhar com as tabelas de Júpiter produzidas por Giovanni Cassini (1625-1712). Ele percebeu que os eclipses dos satélites de Júpiter (quando passavam atrás do planeta) não aconteciam no exato instante previsto por Cassini. Observou também que, dependendo da época do ano, os atrasos eram maiores ou menores (às vezes aconteciam até alguns minutos antes do previsto). Corretamente creditou isso ao fato de que, em determinadas épocas do ano, a Terra está mais distante de Júpiter, e, por conseguinte, a luz que vem do sistema joviano demora mais para chegar ao nosso planeta. Os eclipses estavam ocorrendo na hora certa, mas da Terra eram observados antes ou depois, porque a luz demorava mais (ou menos) para chegar até aqui.

Usando a distância entre a Terra e Júpiter calculada por Cassini, Römer anunciou à Academia Francesa de Ciências, em 1676, que a velocidade da luz era de 225.000km/s, em unidades de hoje. Para ele, a luz demoraria cerca de 11 minutos para vir do Sol à Terra.

Newton fez uma estimativa melhor. No escólio à proposição 96 (*Principia*, Livro I), ele afirmava que "a luz se propaga sucessivamente (isto é, no tempo, e não instantaneamente) e vem do Sol à Terra em cerca de sete ou oito minutos." Ele repetia essa afirmação no *Ótica*, na proposição 11 do Livro II.

O método de Römer

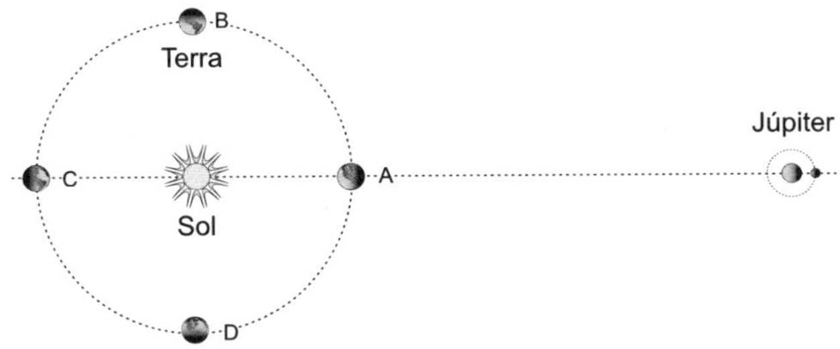

A figura representa um eclipse de um satélite de Júpiter. Dependendo da posição em que se encontra a Terra, a informação demora mais ou menos tempo para chegar até nós.

Depois de Römer veio o inglês James Bradley (1693-1762), que também calculou a velocidade da luz usando observações astronômicas. Sua inspiração surgiu durante um passeio de barco pelo rio Tâmisa, ao observar que as flâmulas do mastro mudavam de direção, não somente de acordo com o vento, mas também de acordo com o movimento do barco. Se ele colocasse a Terra no lugar do barco, e a luz das estrelas no lugar das bandeirolas, ficava claro que a luz deveria "mudar de direção" de acordo com o movimento da Terra.

Bradley já estava interessado em medir certas mudanças sutis nas posições das estrelas, fenômeno conhecido como paralaxe — que leva em conta o fato de que a Terra muda de posição no espaço. Nós, que estamos na Terra, observamos os astros, não de um ponto fixo, mas sim da periferia de uma elipse. Esse fato

Paralaxe

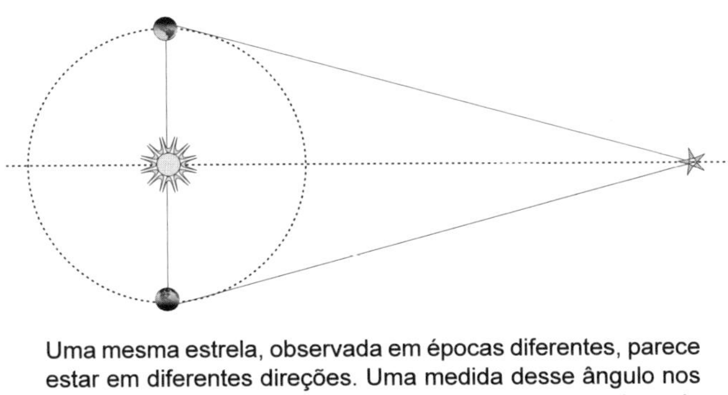

Uma mesma estrela, observada em épocas diferentes, parece estar em diferentes direções. Uma medida desse ângulo nos permite calcular sua distância com relação ao Sol (a altura do triângulo cuja base é o diâmetro da órbita da Terra).

causa uma mudança aparente — e muito pequena — na posição das estrelas próximas.

Em 1729, após minuciosas observações da estrela Gama Draconis (Eltanin, a gama da constelação do Dragão), Bradley chegou à conclusão de que as mudanças aparentes na posição da estrela não podiam ser atribuídas somente à paralaxe. Usando sua analogia com o barco no Tâmisa (ou ainda com a de uma pessoa correndo na chuva, que faz com que os pingos d'água pareçam cair mais obliquamente do que na verdade eles caem), Bradley descobriu um fenômeno conhecido como aberração da luz.

Pelo movimento da Terra (como uma pessoa que corre na chuva), a direção de onde vem a luz das estrelas (os pingos de chuva) se altera. Medindo a direção real e a prevista, Bradley obteve o ângulo da aberração da luz e pôde, de posse da velocidade orbital de nosso planeta, calcular a velocidade da luz, obtendo o valor de 296.000km/s.

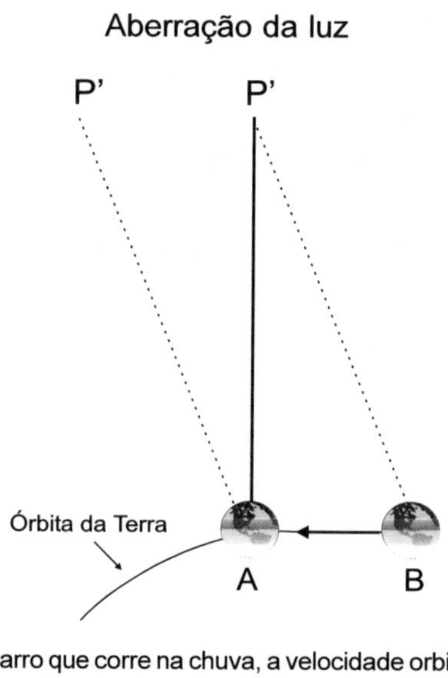

Como um carro que corre na chuva, a velocidade orbital da Terra faz com que a direção de uma estrela mude aparentemente. A medida dessa mudança, juntamente com o valor da velocidade da Terra, nos permite calcular a velocidade da luz.

Mais de cem anos depois, uma dupla de franceses — Armand Fizeau (1819-1896) e Jean Foucault (1819-1868) — inaugurou o cálculo da velocidade da luz com métodos terrestres. O primeiro desenvolveu um aparelho que consistia basicamente em uma fonte de luz, um espelho distante e uma roda dentada em algum ponto no meio do caminho. Na verdade seu método era uma adaptação do de Galileu.

Fizeau mantinha a "lanterna" acesa durante todo o tempo, mas, ao girar a roda dentada, causava a impressão, para quem estivesse do outro lado, de que ela estava piscando rapidamente, pois ora a luz passava entre as frestas, ora era bloqueada pelos dentes da roda. Do outro lado, em vez de ter um ajudante com outra lanterna, Fizeau tinha um espelho. Assim, a luz de sua lanterna era refletida e voltava, mas ele só conseguiria vê-la se ela passasse pelas frestas. Medindo a velocidade de rotação da roda dentada, Fizeau conseguiu uma excelente medição do tempo de viagem (ida e volta) do raio de luz. Sabendo a distância, foi fácil calcular a velocidade. Em 1849, ele obteve um valor de 315.000km/s aproximadamente.

Experimento da roda dentada

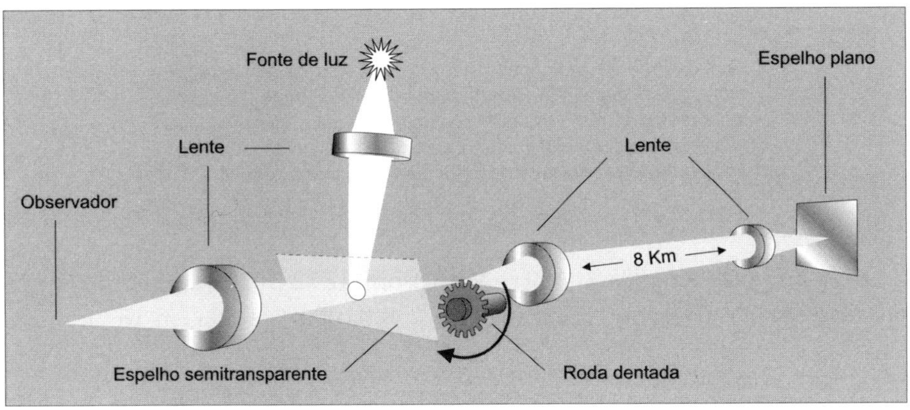

No experimento de Fizeau, a luz de uma fonte é desviada por um espelho semitransparente e passa pelos dentes de uma engrenagem, refletindo num espelho distante. As lentes servem para convergir a imagem. A velocidade da luz é calculada pela velocidade angular da roda dentada.

Foucault (famoso pelo pêndulo que provou o movimento de rotação da Terra) substituiu a roda dentada de Fizeau por um espelho girante. O outro espelho ficava a um certo ângulo da fonte de luz. Assim, a luz deixava a fonte, era refletida pelo primeiro espelho (que girava), batia no segundo espelho (fixo) e voltava ao espelho inicial (que já havia mudado de posição). Este refletia o raio, agora numa outra direção. Ao medir a diferença entre essas duas direções, Foucault sabia exatamente o ângulo em que seu espelho móvel havia girado. Conhecendo a velocidade angular, ele poderia saber o tempo; sabendo a distância, o cálculo da velocidade era imediato. Foucault obteve 298.000km/s para a velocidade da luz, em 1862.

Método de Foucault

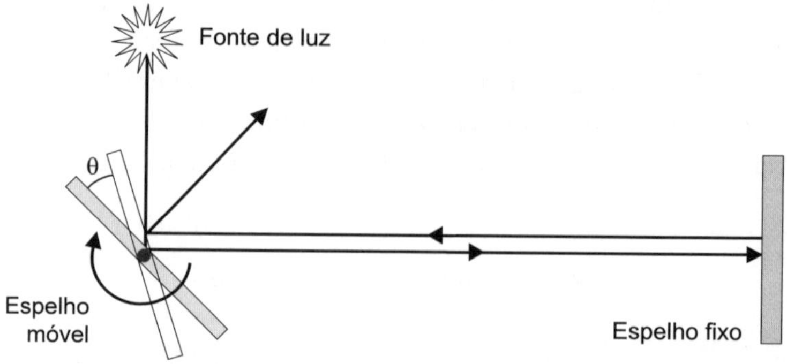

No experimento de Foucault, a luz de uma fonte é desviada por em espelho que gira, refletindo num espelho distante. Ao voltar, a luz reflete numa outra direção, pois o espelho móvel mudou sua orientação. A velocidade da luz é calculada pela medição do ângulo de desvio da luz e da velocidade angular do espelho.

O físico norte-americano Albert Michelson (1852-1931) aprimorou o aparato de Foucault, chegando a um valor de 299.910km/s ainda em 1879.

A natureza da luz

Havia duas teorias distintas e excludentes a respeito da natureza da luz. Newton afirmava que ela era feita de partículas, enquanto Huygens defendia uma natureza ondulatória. Ambas tinham seus aspectos consistentes e suas fraquezas, mas, graças ao peso intelectual de Newton, a natureza corpuscular da luz era mais bem aceita. Isso até a chegada de Thomas Young (1773-1829) no cenário da física.

Nascido na Inglaterra, Thomas Young foi uma criança-prodígio. Aprendeu a ler aos dois anos de idade e aos 13 já era fluente em latim, grego, francês e italiano. Posteriormente aprenderia hebraico, árabe, persa e outras línguas. Tornou-se especialista em hieróglifos e era egiptólogo dedicado. Independentemente de Champollion, participou dos esforços feitos para traduzir a Pedra de Roseta.

Sua formação original era em medicina, mas seu trabalho nessa área jamais chegou a empolgá-lo. Young gostava de estudar e não tinha muita paciência com os doentes. Interessou-se particularmente pela fisiologia do olho humano e, a partir daí, enveredou pelo estudo da ótica.

Entre os anos de 1800 e 1804, Young revolucionou o mundo ao mostrar, com uma experiência simples, que os raios de luz eram formados por ondas, como previra Huygens, e não por partículas. Fez isso usando dois anteparos, um dos quais possuía duas fendas estreitas por onde a luz era difratada. Se a luz fosse feita de partículas que viajavam sempre em linha reta, uma fonte que estivesse de um lado desse primeiro anteparo com as fendas deveria produzir duas faixas luminosas muito finas no segundo anteparo, do outro lado. Mesmo levando em conta o fenômeno já conhecido da difração, o padrão luminoso deveria estar concentrado em dois focos, não tão estreitos, mas ainda assim bem distintos.

Experimento de Young (luz corpuscular)

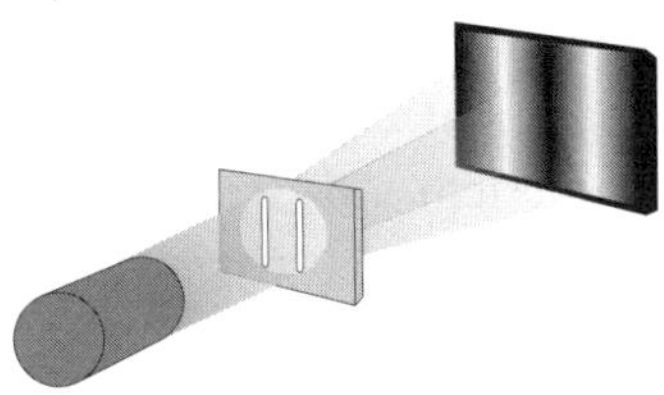

Young esperava observar duas faixas iluminadas, por causa da difração individual de cada fenda estreita.

Por outro lado, se a luz fosse composta de ondas, a figura que se formaria no anteparo deveria ser muito diferente. A partir das duas fendas, teríamos duas frentes de onda esféricas, cuja origem, para cada uma delas, era a fenda pela qual passara. Essas ondas luminosas propagavam-se independentemente uma da outra e interferiam entre si. No segundo anteparo, onde essas ondas encontravam-se crista com crista (ou vale com vale), elas somavam sua luminosidade (interferência construtiva), provocando uma faixa clara; onde as ondas se encontravam crista com vale (ou vice-versa), elas provocavam uma interferência destrutiva, resultando numa faixa escura no anteparo. Entre as faixas totalmente claras e as totalmente escuras percebia-se uma gradação de cinza. Esse padrão de interferência só poderia ser explicado pela existência de vales e cristas (ou, no caso de uma onda longitudinal, compressões e descompressões).

Experimento de Young (luz ondulatória)

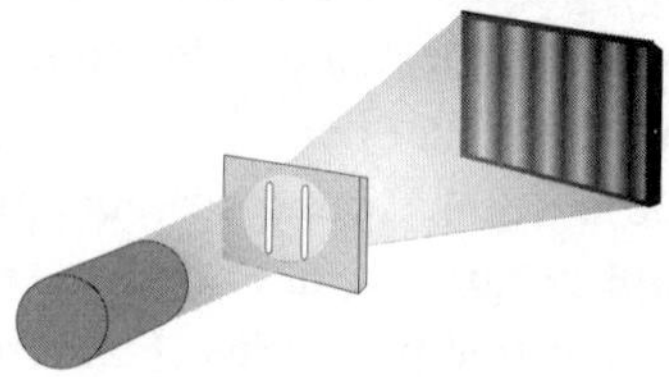

Young observou uma típica figura de interferência — raias claras e escuras alternadas —, o que comprovava a natureza ondulatória da luz.

Newton estava errado. A luz era uma onda!

Mas se isso era verdade, o que ela ondulava afinal? A partir do resultado de Young, ganhou importância o conceito do éter proposto por Huygens (o nome completo era "éter luminífero", do latim *aether luminipherus*, "ar portador de luz"). Voltaremos a esse conceito no capítulo 7, quando falarmos sobre a teoria da relatividade.

Vamos guardar agora dois importantes resultados (o valor da velocidade da luz e o fato de que ela é uma onda) e passar para um outro assunto, aparentemente desligado deste, mas que tem uma íntima relação com a luz. Falemos da eletricidade e do magnetismo.

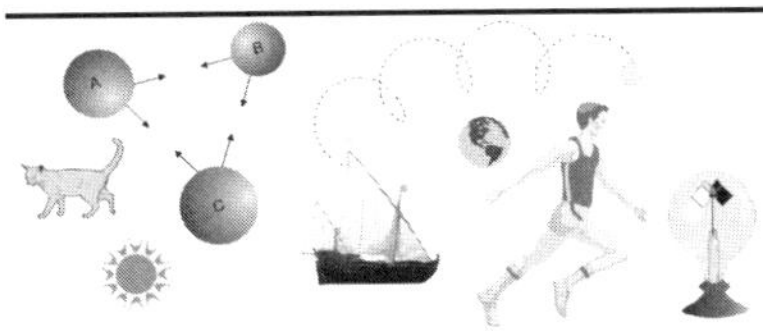

6 | O âmbar e a Tessália

> ... quando a natureza da magnetita for testada por nossos estudos e experimentos, as ocultas e obscuras, porém reais, causas deste magnífico efeito serão apresentadas, provadas, demonstradas. ... e a base de uma grande ciência magnética em formação surgirá novamente, para que o alto intelecto não mais seja iludido por vãs opiniões.
>
> WILLIAM GILBERT

Primeiros passos

Os gregos tinham um conhecimento empírico dos fenômenos do âmbar e das rochas da Magnésia. Para eles a eletricidade resumia-se ao caso do âmbar atritado e também de outros materiais que apresentavam propriedades semelhantes. O magnetismo era simplesmente a característica dos magnetos.

Foram os chineses que primeiro deram uso a um magneto, percebendo que ele alinhava-se sempre na mesma direção e, portanto, poderia ser usado na orientação de caravanas terrestres e frotas marítimas. Nada sabiam sobre campos magnéticos ou pólos norte e sul, mas inventaram a bússola por volta de 200 AEC. E a isso se resumia o conhecimento humano sobre o magnetismo.

A bússola só foi formalmente descrita e teve suas propriedades enumeradas mais de mil anos depois, pelo astrônomo chinês Shen Kua (1031-1095). Em 1088 ele publicou o tratado *Ensaios do poço dos sonhos*, reunindo seus trabalhos em astronomia, medicina, cartografia, matemática e, claro, seus estudos sobre a bússola. Algum tempo depois esse conhecimento chegaria à Europa, pelas mãos dos mouros. Em cerca de 1180, Alexander Neckam (1157-1217), um erudito inglês, publicou *A natureza das coisas*, fazendo a primeira descrição ocidental do uso da bússola na navegação.

Durante as Cruzadas, o francês Pedro, o Peregrino de Maricourt (c.1240-?) — conhecido pelo nome de Petrus Peregrinus — fez extensivos experimentos com as bússolas. Cientista e engenheiro do exército de Charles d'Anjou, publicou a *Carta sobre o magneto*, em que surgiu pela primeira vez a denominação "pólo magnético". Com um mapeamento cuidadoso de vários e diferentes tipos de magneto (em especial um ímã esférico), ele percebeu que as direções apontadas pelos ímãs cruzavam-se em dois pontos análogos aos pontos em que se cruzavam os meridianos terrestres (os pólos geográficos).

Pedro também mostrou que um ímã partido em dois dava origem a dois ímãs, e que os pólos iguais se repeliam, enquanto os opostos se atraíam. Muito depois, em 1450, o cardeal alemão Nicolau de Cusa (1401-1464) sugeriu uma lei do tipo "inverso do quadrado da distância" para representar essa força entre os pólos.

No século XVI, os italianos Girolano Cardano (1501-1576) e Giambattista della Porta (1535-1615) também teceram algumas considerações sobre os fenômenos magnéticos. Cardano tornou-se famoso entre os matemáticos por seu método de resolução de equações cúbicas e quárticas e também por ser um dos pioneiros da teoria das probabilidades. Viciado em jogo, usou seus conhecimentos matemáticos para se tornar virtualmente imbatível em cartas, dados e demais jogos de azar. Cardano investigou os fenômenos elétricos e magnéticos e foi um dos pioneiros a relacionar os dois, observando que o âmbar atraía objetos leves de qualquer natureza, enquanto a magnetita atraía exclusivamente o ferro. Della Porta, por sua vez, estava mais interessado na natureza poética do mundo dos ímãs. É dele a seguinte descrição: "O ferro é atraído pela magnetita como uma noiva para o quarto nupcial..."

Sobre o ímã

A grande obra dos primórdios da eletricidade e do magnetismo só seria escrita em 1600 pelo médico inglês William Gilbert (1544-1603). Intitulado *Sobre o ímã, corpos magnéticos e o grande ímã da Terra*, o volume reunia e ampliava o conhecimento vigente na época, ao mesmo tempo que divulgava os trabalhos de seu autor. Estava ali registrada a ligação entre as agulhas magnéticas das bússolas e a Terra, pois é de Gilbert a idéia de um campo magnético terrestre (ainda que ele não tivesse usado esses termos nem o conceito de campo), concluindo que nosso planeta Terra era um gigantesco ímã.

Apesar do título, a obra maior de William Gilbert tratava também dos fenômenos elétricos. Foi a partir de *Sobre o ímã* que o nome "eletricidade" passou a ser adotado,[1] porque Gilbert pesquisou e enumerou vários materiais que se comportavam como o âmbar original dos gregos (diamante e vidro, por exemplo),

---

[1] Há controvérsia a respeito da "paternidade" do termo. Alguns historiadores atribuem-na a Thomas Browne (1605-1682), que teria cunhado a palavra "eletricidade" em 1646. Independentemente disso, é certo que William Gilbert já dividia os materiais em elétricos e não-elétricos.

Terrella

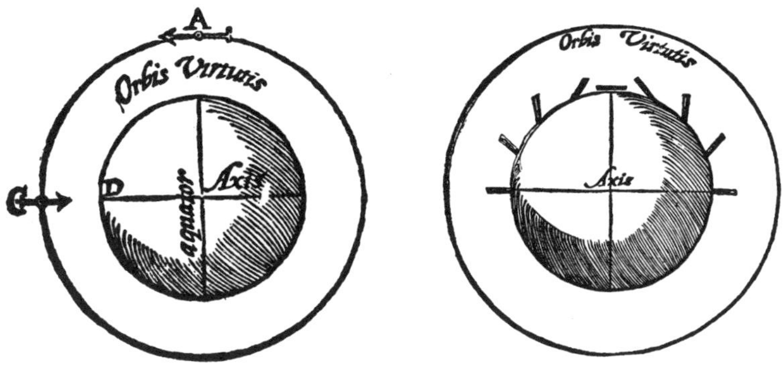

Reprodução dos desenhos originais da *terrella*, de Gilbert, no *Sobre o ímã*.

chamando-os "materiais elétricos", em alusão ao âmbar. Às substâncias que não se comportavam assim ele chamou de "não-elétricas".

Gilbert explicava também como funcionava a eletrificação de um material elétrico. O atrito removia do corpo um "humor", deixando um "eflúvio elétrico" ao seu redor. Se substituirmos "humor" por "cargas" e "eflúvio" por "campo", veremos que ele não estava muito longe do alvo.

William Gilbert ficou conhecido por muitos como o "Galileu do magnetismo" — e por todos como o pai desse ramo da física. É sempre bom lembrar, contudo, o contexto histórico no qual se inseria seu trabalho. Galileu era seu contemporâneo, e no mesmo ano em que o *Sobre o ímã* foi publicado Giordano Bruno era queimado na fogueira e Kepler mudava-se para Praga, para auxiliar Tycho Brahe. A Europa estava em plena revolução científica![2] O livro de Gilbert foi o primeiro grande tratado científico publicado na Inglaterra.

Ainda relacionando fenômenos elétricos a fenômenos magnéticos, Niccolo Cabeo (1586-1650), físico italiano, observou em *Filosofia magnética,* de 1629, que corpos eletrizados repeliam-se mutuamente. Cabeo não foi capaz de explicar o fenômeno, mas Otto von Guericke repetiu essas observações e, em 1663, valorizando os trabalhos de Gilbert, inventou o gerador eletrostático.

Trabalhando com esse gerador, Guericke descobriu em 1672 a eletroluminescência, ao perceber que a esfera que compunha o aparelho brilhava ao ser continuamente eletrizada.

---

[2] E cultural, poderíamos acrescentar, pois Gilbert é contemporâneo de Shakespeare. No mesmo ano em que lançou *Sobre o ímã*, Shakespeare produziu *Júlio César* e *Noite de reis* no Globe Theater.

Gerador eletrostático

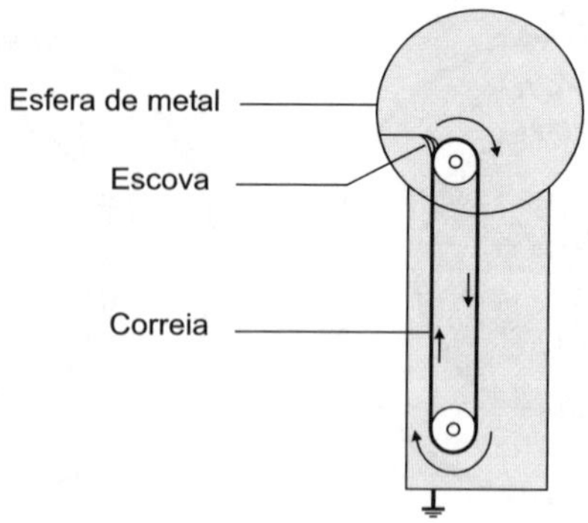

Nesse esquema de um gerador eletrostático, vemos como é possível eletrizar uma esfera de metal. O atrito constante entre a correia e a escova rouba elétrons do metal (que saem do aparelho por meio do aterramento).

Com o que sabemos hoje é fácil explicar o fenômeno. A eletrização de um determinado material nada mais é do que a perda de alguns de seus elétrons, que ganham energia pela fricção.[3] Essa energia é traduzida em velocidade, e os elétrons escapam dos átomos que os contêm, deixando-os com um excesso de carga positiva. Alguns elétrons, porém, não ganham energia suficiente para escapar. Assim, continuam prisioneiros, embora num estado alterado (chamado, sem maldade alguma, de "estado excitado"). Esses elétrons logo se desfazem da energia extra, voltando às suas posições habituais. A energia descartada nos aparece em forma de luz.

Mas Guericke nada sabia sobre átomos, elétrons e estados excitados...

Esse caso de eletroluminescência é também conhecido como triboluminescência (luminescência causada por fricção) e foi bastante estudado pelo físico inglês Francis Hauksbee (c.1670-1713), ajudante de Robert Boyle que chegou a trabalhar com ninguém menos que Isaac Newton.

Hauksbee interessou-se muito por fenômenos de luminescência e publicou em 1709 *Experimentos físico-mecânicos sobre vários assuntos, contendo uma explicação de diversos e surpreendentes fenômenos acerca da luz e da eletricidade*. Nesse livro ele descrevia vários dispositivos que criara, entre os quais o gerador triboelétrico (um aperfeiçoamento do gerador eletrostático de Guericke) e o

[3] Devemos ser rigorosos e lembrar que, quando atritamos um material no outro, se um deles perde elétrons, o outro ganha. Assim, ambos estão eletrizados (um com falta de elétrons, o outro com excesso). Aqui nos concentramos no material que está perdendo elétrons.

eletroscópio de lâminas (usando dois finos pedaços de metal que, ao se repelirem, denunciavam a presença de eletricidade estática). Hauksbee comparava muitos dos resultados de suas experiências aos relâmpagos, cuja natureza ainda era desconhecida naquela época.

Domando a eletricidade

Entre os anos de 1727 e 1729, o físico inglês Stephen Gray (1696-1736) mostrou que a eletricidade "se movia", não precisando ser criada em determinado objeto pela fricção, como nos geradores eletrostáticos. Gray fez isso unindo diferentes objetos por fios. Uma de suas experiências consistia em atritar um tubo de vidro, de modo a eletrizá-lo. O tubo estava ligado a um pedaço de cortiça por um fio de cânhamo. Essa ligação causava a eletrização da própria cortiça — que não havia sofrido qualquer tipo de fricção —, evidenciada pela atração que ela exercia sobre objetos leves.

No experimento de Gray, o fio de cânhamo era suspenso por vários fios de seda. Certa vez um desses fios se partiu, e o físico substituiu-o por um fio de cobre, material que tinha à mão no momento. A partir daí a cortiça não mais se eletrificava. Isso levou Gray a perceber que o "fluido elétrico" que se transferia do vidro para a cortiça mudara de caminho, optando pelo fio de cobre. Ele formulou então o conceito de condutibilidade: a faculdade que materiais diversos têm de transportar o que se chamava de fluido elétrico. O cobre, segundo a experiência dele, era melhor condutor do que o cânhamo.

Outra importante descoberta foi feita também na mesma época, pelo físico francês (e jardineiro real da corte de Luís XV) Charles Du Fay (1698-1739), que percebeu haver "dois tipos" diferentes de eletricidade, aos quais chamou de "eletricidade vítrea" e "eletricidade resinosa". Os nomes vinham diretamente dos experimentos que havia realizado e nos quais observava o que acontecia quando alternava a fricção, em cortiça, de bastões de vidro e de âmbar. Du Fay reparou que dois pedaços de cortiça que houvessem sido eletrizados por bastões de vidro se repeliam (o mesmo acontecendo para os bastões de âmbar). Mas se usasse um bastão de cada material, o resultado era uma força de atração. Essa era mais uma analogia entre a eletricidade e o magnetismo, que também possuía a propriedade de atração e repulsão.

Em 1745, Pietr von Musschenbroek (1692-1761) inventou um dispositivo — que hoje chamamos de capacitor — para armazenar o "eflúvio elétrico". Afinal, se a eletricidade é um fluido, por que não inventar uma garrafa que a contivesse? Esse capacitor primitivo, inventado de maneira independente também por Ewald von Kleist (1700-1748), era uma jarra de vidro recoberta (por dentro e por fora) por uma delgada folha de prata. O dispositivo ficou conhecido como "garrafa de Leiden", cidade onde Musschenbroek trabalhava.

Jean Antoine Nollet (1700-1770), aluno de Musschenbroek, levou a novidade para os salões de Luís XV, onde se tornou passatempo comum a emissão de faíscas e a produção de choques. Nollet também foi o responsável pela formulação da teoria elétrica de dois fluidos, porque acreditava que a "eletricidade resinosa" e a "eletricidade vítrea", tal como descritas por Du Fay, tinham, cada qual, origem em diferentes fluidos elétricos.[4]

Do outro lado do Atlântico, o cientista, inventor e estadista norte-americano Benjamin Franklin (1706-1790) discordava dessa interpretação. Franklin fez inúmeros experimentos com a "maravilhosa garrafa do sr. Musschenbroek" e registrou que, em seu entender, havia apenas uma espécie de eletricidade, presente em todos os corpos, só que ela podia fluir de um corpo para outro. Assim, um corpo que perdia eletricidade ficava, obviamente com menos (–) eletricidade. Franklin chamou este corpo de "negativo". O outro corpo ficava com mais (+), sendo portanto um corpo "positivo".

Na verdade, esses ganhos e perdas são de elétrons, e não de eletricidade. Como os elétrons têm carga negativa, quem ganha elétrons fica negativo, e quem perde fica positivo. Mas Benjamin Franklin não tinha idéia do que fosse um elétron, e chamava de "fogo elétrico" essa grandeza transferida entre corpos. Independentemente disso, a terminologia que usamos hoje, positivo e negativo, foi inventada por ele.

Franklin fez mais ainda, com a famosa experiência com uma pipa em meio a uma tempestade elétrica.[5] Usando uma chave amarrada ao fio da pipa e uma garrafa de Leiden para armazenar a descarga, Franklin mostrou que o relâmpago era análogo às faíscas produzidas em geradores triboelétricos. Ou seja, ele descreveu a natureza do relâmpago: uma fagulha elétrica. Com isso acabou inventando (ainda que involuntariamente) o pára-raios.

Benjamin Franklin tornou-se uma celebridade entre os primeiros "eletricistas", e foi uma sugestão sua que levou o químico inglês Joseph Priestley (1733-1804) a investigar o que acontecia no interior de uma esfera oca e eletrizada.

---

[4] Por analogia, a idéia era válida também para o magnetismo, que podia ser visto como a ação de dois fluidos: o austral e o boreal.

[5] Não tentem fazer isso! Um ano depois da experiência de Benjamin Franklin, o físico russo Georg Wilhelm Richmann (1711-1753) morreu buscando aprimorar o dispositivo de Franklin, algo que ele chamou de "máquina-trovão".

Para seu espanto, Priestley observou que inexistia força elétrica dentro desse dispositivo. Como tinha conhecimento de um resultado análogo, proposto por Isaac Newton no *Principia* (a força de gravitação no interior de uma esfera oca é nula), Priestley supôs que a força elétrica, assim como a gravidade, era regida por uma lei do tipo "inverso do quadrado da distância". O resultado apareceu em *A história e a situação atual da eletricidade*, de 1767.

Algo semelhante já havia sido proposto para a força magnética, em 1750, por John Michell, o criador da balança de torção, e Henry Cavendish também fizera medições para comprovar a lei do "inverso do quadrado da distância" para a força elétrica. Essa mesma lei também foi observada por Daniel Bernoulli, em 1770, e finalmente formalizou-se em 1785, depois das repetidas e cuidadosas experiências do francês Charles Augustin Coulomb (1736-1806). Usando uma balança de torção, ele demonstrou que a força de atração ou repulsão entre dois objetos eletricamente carregados era diretamente proporcional à quantidade de eletricidade e inversamente proporcional ao quadrado da distância entre seus centros. Matematicamente, era a mesma lei que regia a gravidade demonstrada por Newton!

Antes disso, em 1780, Luigi Galvani (1737-1798) já havia observado aquilo que ele chamou de "eletricidade animal". Suas experiências vieram à tona em 1791, no livro *Comentários sobre o efeito da eletricidade no movimento muscular*. Ali Galvani descrevia como os músculos de uma rã dissecada retesavam-se ao entrar em contato com o cobre e o ferro simultaneamente. Para o fisiologista italiano, a eletricidade estava sendo criada nos músculos do animal.

O físico italiano Alessandro Volta (1745-1827) discordou de Galvani. Para ele, a eletricidade estava sendo criada nos metais, e os músculos apenas denunciavam sua presença. Ainda que os animais de fato produzissem eletricidade (como dizia Galvani), naquele caso específico era Volta quem tinha a razão. E este já era uma sumidade no campo da eletricidade, por ter inventado o condensador (1775), um dispositivo que acumulava cargas positivas.

Convencido de suas idéias, Volta se debruçou sobre os estudos de diferentes materiais, de como eles produziam eletricidade, e em 1800 havia construído sua famosa pilha voltaica. Essa pilha — o primeiro dispositivo de geração de eletricidade por meio de reações químicas —[6] consistia numa série de discos alternados de cobre e zinco, separados por papelão molhado e ligados entre si por arcos metálicos. O experimento veio na hora certa, pois Napoleão havia acabado de derrotar o império austríaco em Pavia, reabrindo a universidade onde Volta era

[6] Hoje em dia usamos o termo pilha como sinônimo de bateria. A origem do nome está em Volta, porque a primeira bateria era realmente uma pilha de discos formando colunas.

reitor. Muito impressionado com o trabalho do físico, Napoleão convidou-o a ir para Paris, onde foi agraciado com uma medalha e nomeado conde.

No mesmo ano de 1800, William Nicholson (1753-1815) e Anthony Carlisle (1768-1840), usando uma pilha voltaica, realizaram a primeira experiência eletroquímica da história. Fazendo a corrente elétrica de uma pilha atravessar um recipiente com água, eles observaram o desprendimento de gases hidrogênio e oxigênio, num processo hoje conhecido como eletrólise (nome cunhado por Michael Faraday em 1833). A partir daí, o químico inglês Humphrey Davy (1778-1829) isolou, em 1807, vários elementos químicos de forma semelhante — entre eles o sódio e o potássio.

O eletromagnetismo

A invenção da pilha voltaica provocou um grande avanço nos estudos sobre a eletricidade. Em relação ao magnetismo, prosseguiam as investigações sobre os materiais magnéticos e sobre o campo magnético da Terra. Sobretudo continuava viva uma vontade quase inconsciente de relacionar os fenômenos elétricos aos magnéticos.

O físico dinamarquês Hans Christian Oersted (1777-1851) finalmente realizou esse desejo, em 1820. Misturando experiências de eletricidade e magnetismo, Oersted mostrou que um fenômeno afetava o outro. Ao aproximar uma agulha magnética de um fio em que passava uma corrente, ele percebeu uma deflexão na direção para a qual a agulha apontava. Oersted perseguia desde 1807 esse tipo de resultado, que abriu uma trilha levando à unificação da eletricidade e do magnetismo.[7]

Oersted comunicou suas descobertas à Academia Francesa de Ciências em julho de 1820. A partir de então muitas experiências importantes foram feitas por um batalhão de cientistas de primeiro time. A velocidade das novas descobertas multiplicou-se naquele ano.

Dominique Jean Arago (1786-1853) reproduziu as experiências de Oersted, mostrando que um fio pelo qual passasse uma corrente atraía pequenos pedaços de ferro. Outro francês, André Marie Ampère (1775-1836), apresentou à Academia suas conclusões, diferenciando o que chamou de "tensão elétrica" — responsável por efeitos eletrostáticos — da "corrente elétrica" — que explicava os

[7] Para sermos rigorosos, naquela época existiam três fenômenos, e não apenas esses dois. A eletricidade era tão-somente a eletricidade estática, obtida em geradores do tipo de von Guericke. A eletricidade dinâmica, com fluxos e correntes, era considerada algo independente e conhecido como galvanismo, nome cunhado por Volta.

efeitos magnéticos observados por Oersted e Arago. Ampère observou também que os fios por onde passavam as correntes atraíam-se ou repeliam-se, dependendo da direção da corrente elétrica. Idealizou ainda o eletroímã, ao mostrar que um fio enrolado numa espiral comportava-se exatamente como um ímã comum, desde que nele se produzisse uma corrente.[8] A esse equipamento, Ampère chamou de "solenóide". Ele cunhou ainda termos que usamos hoje em dia, como eletrostática (o estudo de cargas em repouso) e eletrodinâmica (o das cargas em movimento).

Dois anos depois Ampère usou as idéias que uniam magnetismo e eletricidade para tentar explicar a existência das substâncias magnéticas. Sugeriu que as propriedades magnéticas de certos corpos eram explicadas pela existência de diminutas correntes circulares em seu interior. Para Ampère, num corpo qualquer, essas correntes se distribuiriam aleatoriamente, cancelando-se umas às outras. Mas em corpos magnéticos elas estariam alinhadas numa mesma direção, somando-se e tornando-se perceptíveis.

Ampère inventou em 1825 um aparelho que media correntes elétricas, e a ele deu o nome de "galvanômetro". O aparelho foi usado no mesmo ano pelo físico alemão Georg Gustav Ohm (1787-1854) para mostrar que o comprimento de um condutor era responsável por uma perda de força (quanto mais longo o fio, mais a "força" se perdia pelo caminho). Ohm chamou essa propriedade de resistência elétrica, nome utilizado até hoje.

Em 1831 Michael Faraday (1791-1867) inverteu o raciocínio de Joseph Henry, inventando o dínamo, um instrumento que convertia movimento em força elétrica, ao deslocar um ímã por um fio enrolado em espiras. Faraday descobriu também o que chamou de indução eletromagnética, a geração de corrente num fio próximo a outro pelo qual passava uma corrente variável. Esse era o próprio dínamo, cujo campo magnético variável — o ímã que se movia — era obtido pela corrente variável.

O campo de força

A maior contribuição dada por Faraday, porém, foi a introdução do conceito de campo. Poucas vezes a intuição física de um homem levou-o numa direção tão acertada. Longe de ter recebido uma educação formal, Faraday sempre buscara

[8] O eletroímã foi inventado de fato por William Sturgeon (1783-1850) em 1823 e aperfeiçoado por Joseph Henry (1797-1878) em 1829. Se o eletroímã de Sturgeon podia sustentar até cinco quilos de ferro, o de Henry (que introduziu um isolamento entre os fios da espira, eliminando os curtos-circuitos gerados pelo experimento de seu antecessor) chegou a levantar uma tonelada. Joseph Henry descobriu também o princípio do motor elétrico, ao converter energia elétrica em movimento.

o entendimento de certos fenômenos de um ponto de vista mais físico do que matemático. Era um autodidata, aprendera tudo o que podia sobre eletricidade e magnetismo nos livros, enquanto trabalhava como aprendiz de encadernador. Talvez por isso tenha se esforçado tanto para criar um artifício não-matemático de compreensão dos fenômenos elétricos e magnéticos.

Em 1812 Faraday foi acolhido por Humphrey Davy como seu assistente e finalmente pôde mergulhar nos estudos sobre eletricidade e magnetismo. Depois da invenção do dínamo e da descoberta da indução eletromagnética — além dos trabalhos com a eletrólise —, em 1838 ele já era uma autoridade no assunto. Tentando explicar a configuração formada por limalhas de ferro ao redor de um ímã (figura que já havia sido observada desde os tempos de Pedro, o Peregrino, no século XIII), Faraday passou a "ver" as forças magnéticas como filamentos que saíam de ímãs e circuitos, e denominou esses filamentos de "linhas de força". A configuração das limalhas de ferro ao redor de um ímã apenas evidenciava tais linhas de força. O conjunto das linhas formava o que Faraday chamou de campo. As linhas de força magnética denunciavam o campo magnético, enquanto as linhas de força elétrica representavam o campo elétrico.

O conceito de campo foi extremamente feliz, permitindo, entre outras coisas, a melhor aceitação da idéia de "ação a distância", que ainda desagradava a muitos. Assim, compreendia-se que os corpos agiam sobre outros corpos tanto por contato quanto pela interação dos campos por eles produzidos.

Um dos notáveis cientistas que ficou bastante impressionado com o trabalho de Faraday foi William Thomson (1824-1907), que entrou para a história da física com seu nome nobiliárquico: barão Kelvin de Largs, ou simplesmente lorde Kelvin.

Kelvin fez um extenso tratamento matemático das linhas de campo de Faraday e chegou a sugerir a ele alguns experimentos que poderiam ser feitos para comprovar os conceitos que criara. Ao realizar essas experiências, Faraday chegou à conclusão de que o magnetismo existia em todas as substâncias, embora algumas conduzissem bem o campo (dando a elas o nome de substâncias paramagnéticas, como o ferro), enquanto outras eram péssimas condutoras (as substâncias diamagnéticas, como o bismuto).

Kelvin fez chegar as idéias de Faraday a James Clerk Maxwell (1831-1879), escocês considerado um dos grandes físicos do século XIX e atuante em diversas áreas. Em 1859, por exemplo, Maxwell publicou um artigo ("Sobre a estabilidade do movimento dos anéis de Saturno") que lhe valeu o Prêmio Adams[9] de 1857. Ele também foi um dos fundadores da teoria cinética dos gases.

---

[9] Esse prêmio era uma homenagem do St. John College da Universidade de Cambridge a um de seus mais importantes professores, John Couch Adams (1819-1892).

Mas seu lugar de destaque na história estava garantido pelo trabalho com a eletricidade e o magnetismo. Na verdade, depois de Maxwell, essas duas vertentes da física passaram a ser vistas como uma coisa única e indissolúvel. James Clerk Maxwell é o pai do eletromagnetismo.

Digressão matemática

No capítulo 4, quando se falou sobre o surgimento do cálculo, viu-se a importância de uma boa notação para expressar novas idéias e conceitos matemáticos. Mais do que Newton, Leibniz sabia muito bem disso. Viu-se também que o conceito de diferenciação guardava uma íntima relação com a tangente de uma curva; se determinada função podia ser representada graficamente, então sua derivada seria a tangente dessa curva, calculada em cada ponto.

Logo o cálculo passou a abordar quantidades vetoriais (grandezas dotadas de intensidade e direção), e não só as grandezas escalares (apenas com intensidade). No cálculo vetorial, qualquer operação precisava levar em conta a direção dos objetos utilizados. Uma mesma função vetorial poderia sofrer três derivações possíveis, uma em cada direção espacial. Assim surgiu o conceito de derivadas parciais (termo cunhado por William Hamilton), representadas por um *d* estilizado (∂) que as distingue das derivadas comuns (chamadas "ordinárias").

Vetor

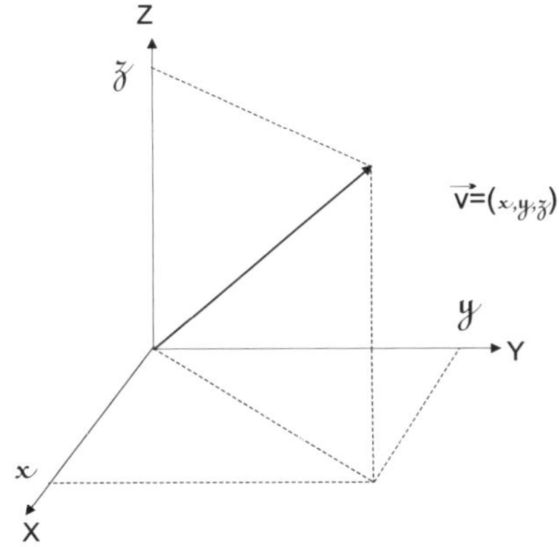

Um vetor é um segmento de reta orientado que representa uma grandeza com módulo, direção e sentido. Pode ser descrito pelas suas coordenadas *x*, *y* e *z*.

As derivadas parciais podem operar numa quantidade escalar, resultando num vetor. Esse operador é conhecido na nomenclatura atual como gradiente. As derivadas parciais podem ainda atuar num campo vetorial de duas maneiras distintas: quando o resultado é um escalar, o operador chama-se divergente; quando o resultado é ainda um campo vetorial, o operador é conhecido como rotacional. E há mais uma quarta operação bastante comum: o gradiente de um divergente. A partir de um campo vetorial obtemos um campo escalar (por meio do divergente) e aplicamos o gradiente a esse novo campo, ficando, por fim, com um novo campo vetorial. Esse operador foi batizado por Maxwell, em 1873, de "operador de Laplace", abreviado posteriormente para laplaciano.

Aqui estou usando com bastante tranqüilidade as expressões "campo escalar" e "campo vetorial". Talvez um exemplo prático ajude a situar o leitor. Um campo escalar bastante simples é o "campo de temperatura" num ambiente qualquer. Por mais homogêneo que ele seja, é justo presumir que cada ponto tem sua temperatura própria. Assim, poderíamos representar a temperatura T de uma sala em função das coordenadas cartesianas espaciais (x, y, z). Esse campo escalar pode dar origem a um campo vetorial, por meio do operador gradiente.

Campo escalar e campo vetorial

5	1	3	9
7	4	7	2
6	3	1	5
1	9	8	3

Campo escalar

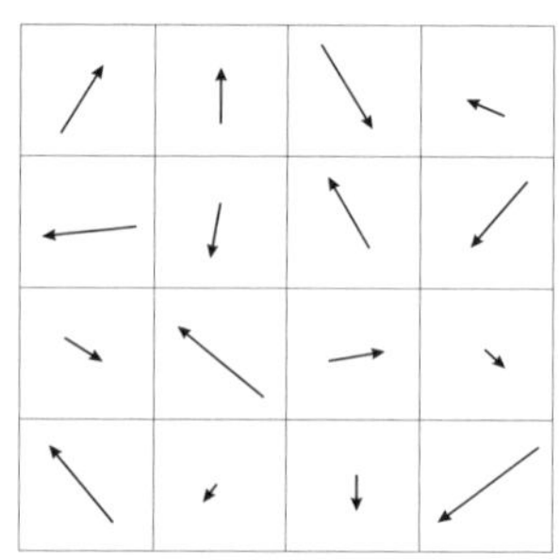

Campo vetorial

Num campo escalar, a cada posição corresponde um valor (uma intensidade). Num campo vetorial, a cada posição corresponde um vetor, com intensidade, direção e sentido.

Já um campo vetorial é qualquer um de nossos campos já tão bem conhecidos (gravitacional, elétrico e magnético). Em cada ponto do ambiente esse campo tem um valor específico, mas também uma direção (que aponta para a massa, a carga elétrica ou o pólo magnético). Um campo vetorial pode dar origem a um campo escalar (por meio do divergente) e também a dois outros campos vetoriais (o rotacional e o laplaciano).

Para desespero de quem não gosta de matemática, todos esses operadores são representados por um mesmo símbolo, ∇, criado por William Hamilton (embora aparentemente nunca tenha tido em seus trabalhos uma função muito definida). Sempre que Hamilton precisava resumir alguma operação, usava esse triângulo invertido. Posteriormente o símbolo foi batizado por Peter Tait (1831-1901), um colega de Maxwell. Tait chamou o ∇ de "nabla", por achar que a imagem se parecia com uma harpa antiga, de origem hebraica, que tinha esse nome.

As equações de Maxwell

Maxwell tinha muita intimidade com o cálculo e também com os novos conceitos da eletricidade e do magnetismo. Reunindo seu conhecimento, teve a habilidade necessária para compilar os trabalhos da época e interligá-los num conjunto de quatro equações que ficaram conhecidas como equações de Maxwell. Não deixa de ser irônico que o próprio Maxwell tenha contribuído muito pouco para a criação dessas fórmulas.

As quatro equações relacionam o campo elétrico (**E**) e o campo magnético (**B**), juntamente com suas variações no espaço (representadas pelo operador diferencial nabla, ∇) e no tempo $\left(\frac{\partial}{\partial t}\right)$. Nas equações de Maxwell também aparecem a corrente (**J**), a densidade de cargas elétricas (ρ) e duas grandezas inerentes ao meio em que os campos elétrico e magnético se propagam: a permissividade (ε) e a permeabilidade (μ); no caso do vácuo, aparece o subscrito *0*.

Na primeira equação, temos:

$$\nabla \,.\, \mathbf{E} = \frac{\rho}{\varepsilon_0}$$

Em linguagem comum, isso fica: o divergente do campo elétrico é igual à densidade de cargas dividida pela permissividade do vácuo. Essa equação é uma aplicação direta de um teorema do matemático alemão Karl Friedrich Gauss (1777-1855), e por isso mesmo é conhecida como "lei de Gauss para o campo elétrico".

O teorema de Gauss

Gauss demonstrou em 1813 que o fluxo vetorial através da superfície fechada que delimitava um volume podia ser descrito pela quantidade de vetores existentes naquele volume (e pelo modo como eles estavam distribuídos).

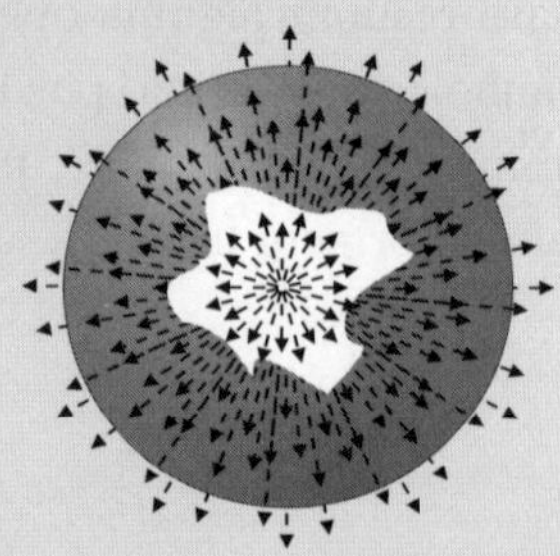

A lei de Gauss, entendida geometricamente, diz que as linhas de campo geradas por uma fonte (ao centro) podem ser estudadas por meio do fluxo medido numa superfície fechada que a contenha. "A água que sai da torneira tem que entrar no ralo."

Em resumo, Gauss mostrava que era possível calcular a "forma" de um campo vetorial de modo simples, usando uma superfície fechada imaginária que contivesse o que quer que estivesse gerando esse campo (a massa, no caso da gravidade, ou a carga elétrica, no caso da eletricidade).

Simplificando ainda mais, pode-se traçar uma analogia com a pia da cozinha: o que sai da torneira (o campo gerado pela carga ou pela massa) tem que passar pelo ralo (a superfície fechada que contém a carga ou a massa).

O teorema de Gauss também é conhecido como "teorema da divergência".

A segunda equação de Maxwell é a "lei de Gauss para o campo magnético":

$$\nabla \cdot \mathbf{B} = 0$$

Isso quer dizer que o divergente do campo magnético é nulo, porque não há cargas magnéticas (os monopólos).

Se, para a eletricidade, é possível separar cargas positivas de negativas, no magnetismo é impossível separar pólos norte e pólos sul. Partindo um ímã ao meio, obtemos dois ímãs menores, cada um com dois pólos (e não dois monopólos independentes), como já havia sido observado por Petrus Peregrinus.[10]

A terceira equação de Maxwell é a "lei de Faraday-Henry". Convém aqui lembrar que Henry inventou o motor elétrico, e Faraday inverteu seu raciocínio, para criar o dínamo:

$$\nabla \times \mathbf{E} = -\frac{\partial \mathbf{B}}{\partial t}$$

Essa equação pode ser lida assim: o rotacional do campo elétrico é igual à derivada parcial do campo magnético no tempo, com o sinal trocado. Desse modo, vê-se que um campo magnético que varia no tempo (ou seja, cuja derivada temporal não seja nula) afeta diretamente o campo elétrico. Isso nada mais é do que o próprio princípio do motor elétrico e do dínamo.

Finalmente ainda há uma quarta equação, análoga à terceira, para o campo magnético:

$$\nabla \times \mathbf{B} = \mu_0 \mathbf{J} + \varepsilon_0 \mu_0 \frac{\partial \mathbf{E}}{\partial t}$$

Traduzida, ela fica: o rotacional do campo magnético é igual a soma da corrente multiplicada pela permeabilidade do vácuo com a derivada parcial do campo elétrico no tempo, multiplicada pela permissividade e pela permeabilidade do vácuo.

Ampère já havia concluído que uma corrente elétrica causava efeitos magnéticos, e Maxwell acrescentou o termo da variação temporal do campo elétrico. Por isso mesmo essa equação é conhecida como "lei de Ampère-Maxwell".

Equações de Maxwell	
1. Lei de Gauss para o campo elétrico	$\nabla . \mathbf{E} = \frac{\rho}{\varepsilon_0}$
2. Lei de Gauss para o campo magnético	$\nabla . \mathbf{B} = 0$

→

[10] Alguns físicos acreditam na existência dos monopólos magnéticos e procuram-nos desesperadamente. No entanto, não há evidências de que eles existam. E, se forem um dia encontrados, basta acrescentar termos a eles relacionados em duas das equações de Maxwell para que elas continuem válidas.

3. Lei de Faraday-Henry	$\nabla \times \mathbf{E} = -\dfrac{\partial \mathbf{B}}{\partial t}$
4. Lei de Ampère-Maxwell	$\nabla \times \mathbf{B} = \mu_0 \mathbf{J} + \varepsilon_0 \mu_0 \dfrac{\partial \mathbf{E}}{\partial t}$

Essas equações apareceram pela primeira vez assim reunidas (embora não nessa mesma notação) em 1873, em *Um tratado sobre eletricidade e magnetismo*. Ficava claro que era impossível dissociar os fenômenos elétricos dos magnéticos, pois havia uma relação intrínseca entre campos elétricos e o magnetismo. Assim nasceu o eletromagnetismo.

A onda eletromagnética

O passo seguinte de Maxwell foi fazer uma manipulação habilidosa daquele conjunto de equações, bastante simplificadas quando se consideram regiões do espaço sem cargas e correntes. Seus passos levaram-no a duas outras equações:

$$\nabla^2 \mathbf{E} = \varepsilon_0 \mu_0 \frac{\partial^2 \mathbf{E}}{\partial t^2}$$

$$\nabla^2 \mathbf{B} = \varepsilon_0 \mu_0 \frac{\partial^2 \mathbf{B}}{\partial t^2}$$

Essas são equações idênticas entre si, mostrando que a mesma lei que serve para descrever um campo elétrico serve também para descrever um campo magnético. As duas podem ser lidas assim: o laplaciano do campo é igual à segunda derivada temporal desse campo, multiplicada pela permissividade e pela permeabilidade do vácuo.

Tal tipo de equação já era conhecido desde 1747, graças ao trabalho do matemático Jean Le Rond d'Alembert (1717-1783), que havia publicado naquele ano um artigo sobre cordas vibrantes, apresentando ao mundo a equação de uma onda. Mais de cem anos depois ela já era popular o suficiente para ser prontamente reconhecida por Maxwell. Nessa equação, independentemente da onda (D'Alembert tratou de ondas numa corda, e Maxwell falava de ondas eletromagnéticas), o termo que multiplica a parte temporal é o inverso do quadrado da velocidade de propagação da onda. Assim, a velocidade de propagação da onda eletromagnética é dada por:

$$\frac{1}{\sqrt{\varepsilon_0 \mu_0}}$$

Substituindo os valores medidos para a permissividade e a permeabilidade do vácuo, a expressão acima resulta num número bastante conhecido: 300.000km/s. As equações de Maxwell, assim, não só mostravam que os campos eletromagnéticos formavam ondas, como fixavam também a velocidade de propagação dessas ondas.

Na mesma época, graças às experiências de Young e às medições de Foucault e Fizeau, todos já sabiam que a luz era uma onda e que sua velocidade no vácuo era de 300.000km/s. Maxwell mostrava agora que existia algo que também era uma onda e também viajava no vácuo a 300.000km/s: a onda eletromagnética. Isso confirmava uma conjectura sua, feita por volta de 1860: "A luz é uma onda eletromagnética."

Em 1888, o físico alemão Heinrich Hertz (1857-1894) inaugurou um novo campo de estudo no eletromagnetismo, ao produzir pela primeira vez em laboratório ondas eletromagnéticas invisíveis, que hoje chamamos de "ondas de rádio". Como o rádio ainda não havia sido inventado, elas foram chamadas de ondas hertzianas.

Quatro anos depois, Augusto Righi (1850-1920) reproduziu as experiências de Hertz em Bolonha, chamando a atenção de um jovem colega seu: Guglielmo Marconi (1874-1937). Marconi começou a realizar suas experiências em 1894, com a produção das ondas hertzianas, tendo um especial interesse na possibilidade de transmitir mensagens em código Morse.

O telégrafo

A palavra telegrafia em grego significa "escrever a distância". Em geral quando se fala em telégrafo logo vem à cabeça o telégrafo elétrico, inventado por Samuel Morse (1791-1872) em 1838. Na verdade, Morse representou o ápice do conceito, pois muitos antes dele já haviam pensado em transmitir mensagens com a eletricidade.

A grande inovação de Morse foi criar um código que deveria ser empregado nas transmissões. Assim, o telégrafo de Morse podia contar apenas com um fio. Outros precursores da telegrafia haviam construído telégrafos que usavam muitos fios, cada qual correspondendo a uma mensagem predeterminada.

Dois anos depois, já residente na Inglaterra, Marconi deu entrada no escritório de patentes com uma descrição de sua máquina de transmissão de sinais. Em 2 de julho de 1897, o escritório britânico de patentes concedeu-lhe o registro 12.039, por "melhorias na transmissão de impulsos elétricos e sinais". Ele tinha apenas 23 anos de idade.

Mas a transmissão de mensagens pelas ondas hertzianas era vista com desconfiança. Einstein resumiu bem isso ao explicar o funcionamento do telégrafo sem fio: "O telégrafo sem fio não é difícil de entender. O telégrafo com fio é como um gato muito comprido. Você puxa seu rabo em Nova York, e ele mia em Los Angeles. O telégrafo sem fio é a mesma coisa, só que sem o gato."

A aplicação prática das ondas hertzianas, no entanto, reforçou a credibilidade da teoria de Maxwell. As ondas eletromagnéticas eram reais, não havia como negar. Mas uma onda não é algo em si, e sim a perturbação de um meio. Se a luz era uma onda, o que ela estava ondulando, afinal? Maxwell resgatou a idéia de éter introduzida por Descartes (que a usava para justificar os "vórtices" responsáveis pelos movimentos planetários), só que como meio portador da onda.

O eletromagnetismo de Maxwell parecia corroborar a existência do éter, e isso deixou muitos cientistas entusiasmados. O éter, essa misteriosa substância que permeava todo o Universo, sempre fascinara os estudiosos. Se era ele que servia de portador para as ondas de luz, e se agora havia uma sólida teoria que descrevia tais ondas, então aquele era o momento certo para entender a natureza do éter.

7 Absolutamente c

A idéia é interessante e inovadora; mas se o Todo-Poderoso está rindo dela e me conduzindo pelos jardins — isso eu não posso saber.

ALBERT EINSTEIN

O éter

Toda onda necessita de um meio material para se propagar. O som que ouvimos normalmente nada mais é do que variações de pressão em pequenas faixas de ar. Acreditavam os cientistas do século XIX que a onda de luz utilizava-se do éter luminífero para viajar pelo espaço. O éter era uma substância estranha e misteriosa que preenchia o espaço vazio, remetendo às idéias clássicas da "quintaessência" de Aristóteles e dos neoplatônicos.

Na verdade, na segunda metade do século XIX, existiam nada menos que quatro tipos diferentes de éter, portadores da eletricidade, do magnetismo, da luz e do calor. Com o eletromagnetismo de Maxwell — e sua conclusão sobre a natureza da luz —, esse número se reduziu para dois (luz e calor), um a mais do que recomendava a "navalha de Ockham".

Num artigo sobre o éter escrito para a *Enciclopédia britânica*, em 1878, Maxwell defendia a existência de um único éter, algo diferente dos outros que então abundavam — segundo ele, substâncias de "utilizações altamente metafísicas e mundanas". O éter de Maxwell deveria preencher todo o espaço interplanetário, sendo "uma substância ou corpo material, certamente o maior e provavelmente o mais uniforme corpo de que alguma vez tivemos conhecimento".

Maxwell chegou a sugerir algumas experiências que poderiam comprovar a existência do éter tal como ele o definia, mas todas elas dependiam de uma medição precisa de quantidades muito pequenas: a razão entre uma velocidade qualquer (v) e a velocidade da luz (c). Os experimentos terrestres sugeridos por Maxwell pretendiam medir algo ainda menor: o quadrado dessa fração (o que em física chamamos de efeitos de segunda ordem). As esperanças do físico residiam em experiências extraterrestres, com medições precisas do movimento das luas de Júpiter (como havia feito Ole Römer no século XVII). Infelizmente Maxwell não viveu o bastante para concluir essas medidas. Seus planos foram publicados em carta na revista *Nature*, na edição de 29 de janeiro de 1880.

A carta chamou a atenção de Albert Michelson, perito da marinha norte-americana que fazia pós-graduação em Berlim e era o maior especialista na medição da velocidade da luz naquela época. Ele repetira inúmeras vezes o experimento de Foucault com o espelho girante, aprimorando o resultado e reduzindo o erro experimental.

Mais ou menos

Em física experimental, uma informação tão importante quanto a medida em si é o erro que ela pode conter. Essas medições são expressas da seguinte forma: (medição ± erro). Por exemplo, dizer que uma moça tem 50 ± 1 kg quer dizer que a precisão de sua balança é de 1kg. Ou seja, a balança marcou 50kg, mas o peso pode estar entre 49 ou 51kg.

O valor obtido por Foucault para a velocidade da luz era de 298.000 ± 500 km/s. Michelson obtivera 299.910 ± 50 km/s, reduzindo o erro experimental a um décimo.

Lembremos que o valor aceito atualmente é de 299.792,4574 ± 0,0001 km/s.

O interferômetro

Para Albert Michelson, Maxwell havia subestimado as técnicas experimentais existentes, e por isso ele decidiu obter em laboratório o efeito de segunda ordem previsto por Maxwell. Em 1881, ainda em Berlim, Michelson projetou um novo instrumento, que batizou de interferômetro. O aparelho servia para dividir um raio de luz em dois feixes distintos, remeter cada um deles numa direção e reuni-los novamente.

O nome do aparelho de Michelson não deixa dúvidas quanto ao princípio utilizado: a interferência entre ondas. Como Thomas Young havia feito no começo do século XIX, Michelson pretendia usar as franjas de interferência produzidas por duas ondas luminosas para provar as idéias de Maxwell. Se os dois feixes percorressem precisamente a mesma distância e com a mesma velocidade, eles se juntariam depois, ainda na mesma fase (crista com crista, vale com vale). A luz, então, permaneceria inalterada. Mas se a distância percorrida por um dos dois raios fosse diferente, ou se sua velocidade tivesse se alterado durante o trajeto, mesmo que ligeiramente, os feixes reunidos estariam fora de fase, e o aparelho registraria uma interferência, denunciada pela presença de raias claras e escuras.

Interferômetro

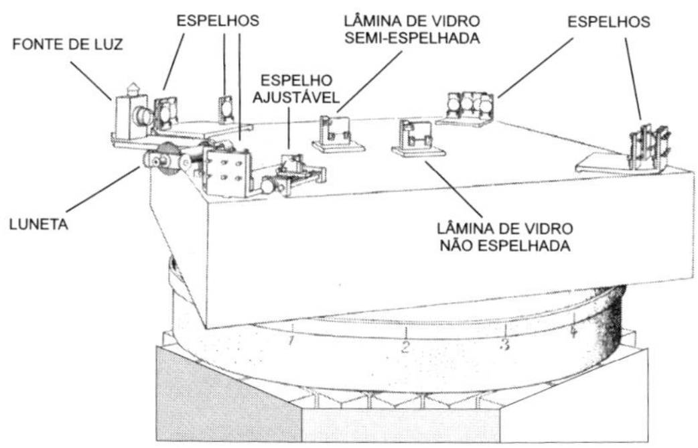

Esquema detalhado do interferômetro de Michelson. O aparelho é montado sobre uma base giratória, para que possa ser facilmente alinhado com a direção do movimento da Terra. Os múltiplos espelhos servem para aumentar o caminho ótico da luz.

Michelson projetou os dois feixes de luz em percursos perpendiculares — um dos quais seguia na direção do movimento da Terra pelo éter. Assim, esse raio tinha uma velocidade que se somava à da Terra na ida — e se subtraía à da Terra na volta. O raio de luz percorria o trajeto num determinado tempo.

Como funciona o interferômetro

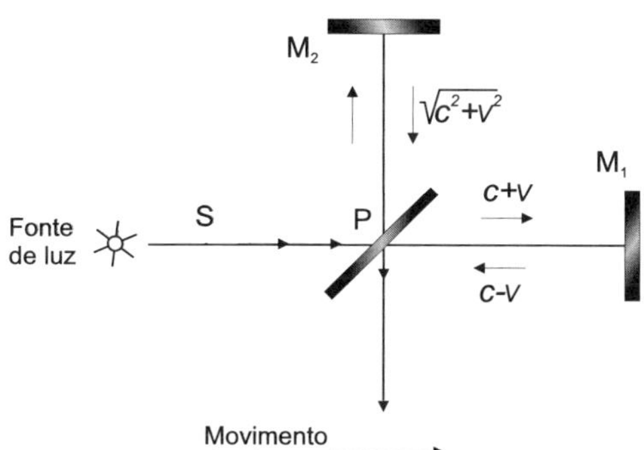

O raio de luz que seguiu paralelamente ao movimento da Terra percorre a distância entre *P* e M_1, com velocidade $c+v$ (na ida) e $c-v$ (na volta). O outro raio, perpendicular, tem velocidade $\sqrt{c^2+v^2}$ (ida e volta). Como a distância percorrida por ambos é a mesma, e as velocidades são diferentes, eles levam tempos diferentes para chegar ao coletor; portanto, deveriam apresentar interferência.

O outro raio, enviado numa direção perpendicular ao primeiro, teria velocidade diferente, porque ela se somaria à da Terra, segundo o teorema de Pitágoras (esse é um caso particular de uma soma vetorial). Assim, o tempo gasto percorrendo a mesma distância do primeiro raio seria outro.

Como a composição das velocidades seria diversa para os diferentes feixes, o aparelho acusaria uma interferência na chegada das ondas. Só que isso não aconteceu.

Michelson, um físico experimental cuidadoso, deduziu a única coisa possível: não havia qualquer prova da existência de um vento de éter. Para ele, isso não significava que não havia éter, mas simplesmente que a velocidade relativa entre a Terra e essa substância era nula ou muito pequena. Ele chegou a declarar que a hipótese de um éter estacionário estava errada.

Na sua opinião, contudo, os resultados experimentais que obtivera não haviam recebido a atenção merecida. Ainda que Kelvin e o britânico John Rayleigh (1842-1919) houvessem aplaudido seus esforços, Michelson sentia-se um pouco frustrado. Para piorar, o físico holandês Hendrik Lorentz (1853-1928) havia encontrado um erro no tratamento teórico dado por Michelson à questão. Em 1887, incentivado por Rayleigh, já de volta aos Estados Unidos, Michelson decidiu repetir a experiência. Para isso contou com o auxílio de um colega, o químico norte-americano Edward Morley (1838-1923). Novamente o resultado foi nulo, o que deixou não só Michelson e Morley frustrados, como também Kelvin, Rayleigh e Lorentz. Todos esperavam uma comprovação prática da existência do éter.

Talvez a experiência de Michelson e Morley tenha sido o fracasso mais importante da história da ciência moderna. Einstein se referiu a ela como "a mais importante de todas as experiências de resultado nulo sobre a corrente do éter". O resultado experimental mostrava que havia alguma falha na teoria, e, segundo Kelvin, esse resultado era "uma nuvem do século XIX sobre a teoria dinâmica da luz".

Michelson seguiu repetindo a experiência até o fim da vida, buscando incansavelmente uma prova da existência do vento de éter.[1] Em 1904, Morley e Dayton Miller (1866-1941) levaram a experiência de Michelson para o topo de uma montanha, acreditando que, no nível do mar, o éter poderia estar sendo arrastado junto com a Terra. Os resultados continuaram negativos.

Finalmente, em 1921, Miller anunciou à comunidade científica que havia obtido um resultado positivo, que de fato medira o vento de éter. Nessa época, a

[1] Em 1927, 40 anos depois de sua experiência com Morley, Michelson concluiu que "a existência de um éter parece ser incompatível com a teoria". Mas ele acrescentava, talvez em tom agridoce: "Mas, sem um meio, como se pode explicar a propagação das ondas?"

teoria da relatividade já estava pronta, e seu autor, Albert Einstein, já era uma figura famosa. Ao ser indagado sobre os resultados de Miller, que contradiziam sua teoria, Einstein proferiu uma frase célebre: "O Senhor é sutil, mas não é malicioso." Nunca mais alguém conseguiu reproduzir a experiência de Miller.

A dinâmica da luz

Os resultados de Michelson apontavam alguma falha na teoria dinâmica da luz. Em 1889, o físico irlandês George Fitzgerald (1851-1901) propôs uma solução para o problema que rompia as barreiras do bom senso. Num artigo curto (menos de uma página) publicado pela revista *Science*, Fitzgerald argumentava que os resultados do experimento de Michelson e Morley só poderiam ser explicados se "o comprimento dos corpos materiais variar, de acordo com seu movimento através do éter, de uma quantidade que depende do quadrado da razão entre sua velocidade e a velocidade da luz".

A contração de Fitzgerald, como é conhecida, lembrava o ideal platônico de "salvar os fenômenos", porque era uma hipótese complicadora e proposta *ad hoc* (isto é, explicitamente com esse fim). Lorentz sugeriu em 1892 uma contração semelhante, postulando ainda que a massa de uma partícula qualquer aumentava à medida que ela atingia velocidades cada vez maiores. Começava aí a surgir a noção da velocidade da luz como limite máximo no Universo. Esse aumento de massa foi medido em laboratório cinco anos depois. Lorentz também ressaltou o fato de que uma contração da distância acarretaria uma dilatação do tempo (o tempo passaria mais devagar para quem está se movendo).

Lorentz construiu em 1899 um conjunto de equações que permitiam relacionar medições feitas por duas pessoas distintas que estivessem se movimentando uma em relação a outra. Tal conjunto já existia desde a época de Galileu, mas o fato de que a velocidade da luz aparentemente era um limite físico para o Universo obrigava que se fizesse uma correção das equações utilizadas.

Em 1898, o francês Jules Henri Poincaré (1854-1912) passou a se dedicar aos problemas da dinâmica da luz. Conhecido por muitos como o último "homem da Renascença", Poincaré tinha agilidade em quase todos os ramos da matemática e da física. Antes de completar 30 anos ele já havia desenvolvido novos conceitos matemáticos muito úteis para a solução de vários problemas. Pode-se dizer que criou o ramo da topologia algébrica e também a teoria das funções analíticas de variáveis complexas. Trabalhou em geometria algébrica e produziu avanços em teoria dos números.

Ferrenho defensor da matemática aplicada, Poincaré estudou ótica, eletricidade, telegrafia, capilaridade, elasticidade, termodinâmica, teoria dos potenciais, teoria quântica, teoria da relatividade e cosmologia. Em mecânica celeste, enfrentou o insolúvel problema de três corpos.

Três corpos

O problema de três corpos é um dos mais famosos da história da física. Ele nada mais é do que descrever o movimento de três corpos que estejam gravitacionalmente ligados entre si. Como a gravitação newtoniana descreve a força entre dois corpos, ficava difícil tratar da questão. Quando o problema entre A e B é resolvido, deve-se lembrar que, por causa do terceiro corpo, C, as posições de A e B não são exatamente aquelas empregadas. Esse obstáculo é recorrente, o que torna o problema insolúvel.

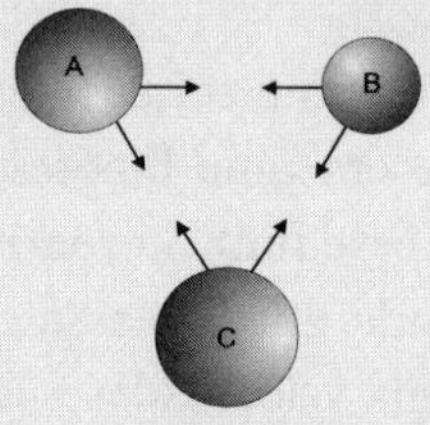

O corpo *A* atrai o corpo *B* e vice-versa. Mas *A* e *C* também se atraem mutuamente, assim como *B* e *C*. É impossível resolver o problema do movimento de três corpos gravitacionalmente ligados ao mesmo tempo.

Poincaré foi um grande popularizador da ciência com os livros *Ciência e hipótese*, *Ciência e método* e *O valor da ciência*. Também foi o primeiro a considerar a possibilidade da existência de caos em sistemas determinísticos, inaugurando, no início do século XX, uma corrente que só seria retomada na década de 1960, com o surgimento da dinâmica caótica.

Pela facilidade com que transitava em tantos domínios científicos, Poincaré foi capaz de perceber a importância da revolução que estava então se formando. Num artigo de 1898, "A medida do tempo", ele afirmou que: "não temos intuição direta da igualdade entre dois intervalos de tempo." Atacou o conceito de simultaneidade, tão essencial e importante no dia-a-dia, afirmando que essa "intuição", como chamou, não passava de ilusão.

Já em 1904 Poincaré encerrou um discurso perante o Congresso Internacional de Artes e Ciências de St. Louis afirmando que "talvez devamos construir uma nova mecânica ... em que a velocidade da luz venha a ser um limite inultrapassável". Mas ele tinha uma posição a zelar — a de professor titular da Universidade de Paris, Sorbonne —, e foi muito cauteloso em quebrar o paradigma vigente. No mesmo discurso afirmou que não era certo que os velhos princípios devessem ser substituídos por algo diferente nessa "nova mecânica".

Enquanto Poincaré discursava diante da comunidade científica, um desconhecido Einstein estava prestes a entrar em seu *annus mirabilis*.

Einstein

Albert Einstein (1879-1955) nasceu na cidade de Ulm, Alemanha, no dia 14 de março, numa família de judeus não praticantes. Quando ainda era criança, por imposições das atividades do pai, a família mudou-se para Munique. Em 1894, Albert acompanhou mais uma mudança, dessa vez para Milão, Itália. Naquela época o jovem Albert abriu mão de sua cidadania alemã para nunca mais voltar a reclamá-la. Foi na Itália que ele demonstrou pela primeira vez seu interesse pelas novas descobertas científicas. Em 1895 enviou a um tio o manuscrito intitulado "Sobre o exame do estado do éter num campo magnético". Einstein tinha então 16 anos.

Antes de terminar o ensino médio (no qual sempre tirou boas notas, ao contrário do que comumente se divulga), tentou ingressar no Instituto Federal de Tecnologia da Suíça (Politécnica de Zurique) e foi reprovado. Aceito em 1896, terminou o curso em 1900, habilitado para lecionar física e matemática no ensino médio.

Após dois sofridos anos, nos quais enfrentou o desemprego e ocupou vários postos temporários, sobrevivendo basicamente da ajuda dos pais, Albert conseguiu uma ocupação no escritório suíço de registro de patentes. Aquele não era um trabalho que o desagradasse, porque podia usar todo o seu conhecimento e toda a sua inteligência para avaliar as propostas de patentes a ele submetidas. Durante o tempo em que ali esteve (1902-1909), construiu grande parte de sua obra científica.

Em 1905, Einstein produziu cinco trabalhos de suma importância para a comunidade científica da época. O primeiro serviu de introdução ao *quantum* da luz (o agora popular fóton), numa tentativa de explicar alguns resultados obtidos por Max Planck. Nesse artigo Einstein explicava o efeito fotoelétrico, recebendo por ele o prêmio Nobel de Física de 1921.

O efeito fotoelétrico

No começo do século XX os físicos já sabiam que a luz, ao incidir sobre alguns metais, provocava a emissão de elétrons. (O elétron foi descoberto em 1897.) Isso era chamado de efeito fotoelétrico.

O fenômeno foi muito estudado pelo físico alemão Philipp Lenard (1862-1947), o qual mostrou que a velocidade do elétron obtido era proporcional ao comprimento de onda da luz incidente. Ele revelou ainda que um aumento na intensidade da luz não aumentava a velocidade dos elétrons ejetados, e sim a sua quantidade.

Einstein explicou que a luz — a radiação eletromagnética em geral — existe em pacotes bem definidos. Aumentar intensidade da luz significava um crescimento do número total de "pacotes"; alterar o comprimento de onda da luz era mudar a energia individual de cada "pacote".

O segundo trabalho rendeu a Einstein o título de doutor pela Universidade de Berna. Chamava-se *Uma nova determinação das dimensões moleculares*. Trabalhando num tema análogo, ele produziu o terceiro artigo, *Sobre o movimento exigido pela teoria cinética do calor de partículas suspensas num fluido em repouso*, tratando do movimento browniano. Retomaria o tema num sexto artigo, também de 1905.

O movimento browniano

Em 1827 o botânico inglês Robert Brown (1773-1858) percebeu ao microscópio que os grãos de pólen de uma suspensão aquosa realizavam movimentos aleatórios, um ziguezague imprevisível. Mais impressionante ainda era o fato de que até as amostras que haviam sido recolhidas há mais de um século realizavam o mesmo tipo de movimento. Isso descartava qualquer causa biológica para o fenômeno, que foi denominado "movimento browniano".

Os dois outros artigos escritos por Einstein em 1905 deram origem à teoria da relatividade.

A relatividade

Poincaré e Einstein produziram em 1905 dois grandes trabalhos. O primeiro expôs algumas propriedades matemáticas muito importantes das transformações de Lorentz em *Sobre a dinâmica do elétron*, ressaltando que essas transformações teriam uma importância ímpar no surgimento de uma nova mecânica.

No mesmo mês, em junho, Einstein terminou *Sobre a eletrodinâmica dos corpos em movimento*, seu quarto artigo daquele ano. Já na introdução ele chamava a atenção para o fato de que "a utilização de um 'éter luminífero' será supérflua", e, portanto, que a existência de tal substância poderia ser descartada (mais uma vez, a "navalha de Ockham").

Einstein confiava muito na cinemática proposta pelas equações do eletromagnetismo de Maxwell. E aqui importa ressaltar a diferença entre cinemática e dinâmica: a primeira lida com posições e velocidades, enquanto a segunda trata de forças e acelerações. Propondo-se a encontrar um conjunto de transformações de coordenadas que mantivessem intactas as formas descritas por Maxwell, Einstein enunciou dois postulados básicos:

1. As leis da física assumem a mesma forma em todos os referenciais inerciais (que ele chamava de referenciais estacionários).
2. Em qualquer referencial inercial, a velocidade da luz, *c*, é sempre a mesma, seja ela emitida por um corpo em repouso, seja por um corpo em movimento uniforme.

Com o primeiro postulado Einstein descartava o éter, trocando um misterioso referencial imóvel e absoluto, eternamente em repouso, por infinitos sistemas equivalentes, móveis ou não. A única restrição que fazia a esses referenciais era a ausência de forças e acelerações, ou seja, eles deveriam ser inerciais. Por isso mesmo, essa etapa da relatividade ficou conhecida como "relatividade especial" (ou "relatividade restrita", um nome que se tornou comum em português, mas que não é usado em inglês ou alemão).

Uma conseqüência da exclusão do éter na teoria de Einstein foi uma mudança na concepção da natureza da luz. A pergunta insistente, "se a luz é uma onda, o que ela ondula afinal?", passou a ser respondida simplesmente por: "a luz é uma onda imaterial". Ou seja, ela não precisa de um meio material para se propagar, ela é na verdade uma flutuação de energia.

O segundo postulado traz a assinatura do gênio. Einstein sabia que a velocidade da luz, de uma onda eletromagnética qualquer, era definida pelas equações de Maxwell. Assim, para que essas equações fossem invariantes (não mudassem de forma) de acordo com diversos referenciais inerciais, a velocidade da luz deveria ser constante.

Mas isso significava uma quebra total do bom senso. De acordo com o segundo postulado de Einstein, qualquer observador, movendo-se a qualquer velocidade, mediria sempre a mesma velocidade para um raio de luz: *c*. Isso não parecia estar certo.

Vamos imaginar um farol distante. Se estivéssemos nos aproximando rapidamente do facho de luz, ele deveria ser percebido com velocidade maior. Se estivéssemos recuando, nos afastando do farol, sua luz deveria ser percebida com velocidade menor. A velocidade da luz deveria variar de acordo com a própria velocidade do observador. Ou então as velocidades não poderiam ser somadas de forma direta.

O segundo postulado levou Einstein a reescrever a fórmula de adição de velocidades e também a mostrar que a simultaneidade dependia do referencial. Essa afirmação é tão avassaladora que merece maior atenção. O que um observador vê acontecendo ao mesmo tempo pode não ser simultâneo para outro observador. Como isso é possível?

Admitindo-se que a luz tem velocidade absoluta, a física não deixa outra opção. No melhor "estilo Albert Einstein", vamos fazer um experimento mental.

Simultaneidade

Vamos precisar de um vagão de trem e duas pessoas (Pedro e Lúcia, digamos). Pedro está do lado de fora do vagão, exatamente em frente a Lúcia. Esta, por sua vez, está dentro do vagão, exatamente no meio dele, e tem uma lâmpada na mão.

Trem parado. Newton concorda com Einstein

A lâmpada acende

As paredes opostas iluminadas simultaneamente

Quando a lâmpada acende, a luz se espalha em todas as direções, sempre com a mesma velocidade. Os fachos de luz que seguem em direções opostas, ao longo do vagão, vão atingir as paredes simultaneamente. Pedro e Lúcia concordam que isso acontece ao mesmo tempo.

→

Trem em movimento. Visão newtoniana (errada)

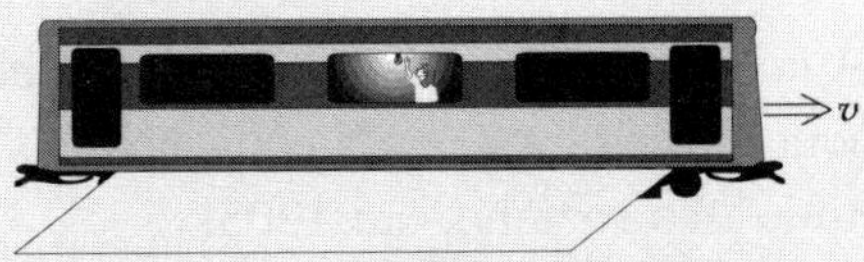

A lâmpada acende

As paredes opostas iluminadas simultaneamente

Com o trem em movimento, Lúcia acende a lâmpada exatamente quando está em frente a Pedro. Para ela, nada mudou. A luz atinge as duas extremidades do vagão simultaneamente. Pedro, na visão newtoniana, concorda com ela. O raio de luz que vai para a frente precisa percorrer uma distância maior, visto que a extremidade do trem está se afastando. Mas a velocidade original da luz se soma à velocidade do trem; percorrendo uma distância maior com uma velocidade maior, ele chega ao destino ao mesmo tempo que o raio que foi na direção oposta (que percorreu uma distância menor, porém com uma velocidade menor). A simultaneidade é preservada, mas a velocidade da luz se alterou. Isso está errado.

Trem em movimento. Visão relativista (correta)

As paredes opostas iluminadas simultaneamente

A parede de trás é iluminada primeiro

Resolvendo novamente o problema, e respeitando agora o segundo postulado de Einstein, Lúcia continua afirmando que os raios chegaram às extremidades do trem simultaneamente. Pedro, no entanto, discorda dela. O raio que foi para a frente percorre uma distância maior, e sua velocidade é constante. Logo, ele demora mais tempo para atingir a parede. Graças à constância da velocidade da luz, Lúcia acha que os dois eventos aconteceram ao mesmo tempo. Pedro tem certeza de que um raio de luz atingiu a parede antes que o outro. A relatividade destrói assim o conceito de simultaneidade absoluta.

Com a nova fórmula de adição de velocidades Einstein obteve ainda as transformações de Lorentz e suas conseqüências imediatas, a contração do espaço e a dilatação do tempo.

No quinto artigo, *A inércia de um corpo depende de seu conteúdo de energia?*, Einstein chegou àquela que talvez seja a equação mais famosa de todos os tempos: $E = mc^2$. Fez tudo isso sozinho, em 1905!

Uma velocidade limite

Olhando em retrospecto, há outras formas de chegarmos aos resultados de Einstein. Em física, costumamos dizer que, "se algo não é proibido, então é permitido". Assim, se não houver uma velocidade limite no Universo, se as velocidades infinitas não forem proibidas, isso quer dizer que elas são permitidas. Mas como seria viver num Universo que permite velocidades infinitas?

Vamos imaginar uma partícula, uma pessoa, uma espaçonave, qualquer coisa que se mova com velocidade infinita. Quanto tempo ela leva para ir de São Paulo ao Rio de Janeiro (cerca de 400km)? Ora, se a velocidade é infinita, o tempo gasto no percurso é zero. E quanto tempo esta mesma partícula (nave, pessoa) leva para ir do Rio a Paris (uns 11.000km)? Novamente zero. E de Paris ao Sol? Zero. E do Sol a Sirius? E de Sirius à galáxia de Andrômeda? E de lá até os confins do Universo? Zero, zero e zero! Uma pessoa (partícula, nave) que tenha velocidade infinita está em todos os lugares do Universo ao mesmo tempo!

Isso não pode acontecer. O Universo não pode ser preenchido por uma única espaçonave (partícula, pessoa). E para que isso não aconteça, deve existir uma lei física que proíba as velocidades infinitas. Ou seja, deve haver em nosso Universo uma velocidade limite.

A existência da velocidade limite resolve um problema, mas levanta outro. Sim, pois sabemos do nosso dia-a-dia que, se dois carros se cruzam, cada um a 80km/h, seus ocupantes vão se ver mutuamente a 160km/h. As velocidades, qualquer um sabe disso, são aditivas. Se dois carros se emparelham a 80km/h, ambos vão se ver com velocidade nula, permanecendo emparelhados. E se os dois carros se cruzam com a velocidade limite (qualquer que ela seja)? Deveriam se ver mutuamente com o dobro dessa velocidade. Mas não pode existir uma velocidade que seja o dobro de si mesma, pois ela é o limite do Universo.

O que fazer?

Um Universo no qual exista uma velocidade limite, o nosso, tem que descartar a propriedade aditiva das velocidades. Deve haver algo mais do que simplesmente somar 80 a 80, obtendo 160. As velocidades não podem se somar diretamente. A velocidade resultante entre dois referenciais inerciais não é dada pela simples fórmula $V = v_1 + v_2$. É dada por outra fórmula, também simples:

$$V = \frac{v_1 + v_2}{1 + \frac{v_1 v_2}{c^2}}$$

na qual o c é a velocidade limite do Universo.

A partir dessa fórmula, que pode ser obtida com uma matemática simples, do ensino fundamental, podemos obter as transformações de Lorentz. E das transformações de Lorentz podemos chegar aos estranhos resultados de relatividade especial.

Coisas estranhas acontecem...

Alguns dos resultados da relatividade especial podem ser intuídos a partir de um único ponto: a constância da velocidade da luz. Se uma velocidade — que nada mais é do que uma distância dividida por um tempo — é constante, então distância e tempo têm que ser maleáveis. Se dois referenciais inerciais distintos medem a mesma velocidade c para um raio de luz, então suas réguas e seus relógios não podem concordar entre si.

Minha régua mede uma distância diferente de sua régua. Meu relógio mede um tempo diferente de seu relógio. Quando uso minha régua e meu relógio para medir a velocidade da luz, o resultado é c. E este é exatamente o mesmo resultado que você obtém, usando a sua régua e o seu relógio. Assim, ambos mediremos a mesma velocidade para um raio de luz: c.

Para simplificar nossos argumentos, podemos sempre pensar que um dos referenciais tem velocidade nula: uma pessoa parada, por exemplo. Essa pessoa está à beira de uma estrada e vê um carro se aproximando em alta velocidade. Se a "alta velocidade" for comparável à velocidade da luz (algo inimaginável com a tecnologia atual), o observador parado enxergará o carro "achatado" e verá o motorista se movendo dentro do veículo, em câmera lenta. O sistema que está em movimento sofre uma contração espacial e uma dilatação temporal.

E aqui entra um detalhe muito importante, que justifica o nome dessa teoria: o motorista do carro vê o pedestre passar em alta velocidade na direção oposta. Assim, para ele, é o pedestre que está achatado e em câmera lenta. Quem sofreu a contração espacial e a dilatação temporal? Ambos e ninguém, dependendo do referencial. As transformações de Lorentz fazem justamente essa comunicação entre os diferentes sistemas, de modo que possamos ter a certeza de que uma situação (carro andando para frente) é exatamente equivalente à outra (pedestre andando para trás).

O próprio Einstein não gostava muito do nome de sua teoria. Ao contrário do que muitos pensam, a teoria da relatividade não pode ser resumida na frase de efeito "tudo é relativo". Ela diz justamente o oposto: nem tudo é relativo. Há uma coisa absoluta no Universo, a velocidade da luz. E é justamente porque a velocidade da luz não varia de acordo com os referenciais que todo o resto é relativo (espaço e tempo, por exemplo). Einstein preferia o termo "teoria de invariância". Mas não foi esse o nome que entrou para a história.

Se fizermos algumas argumentações físicas adicionais (usando as leis da conservação, tanto do momento como da energia), poderemos também obter a fórmula para a variação da massa (a massa aumenta quanto maior for a velocidade de um corpo) e a famosa equação $E = mc^2$. Essa equação diz que a massa (m) e a energia (E) são grandezas proporcionais. Uma determinada quantidade de massa equivale a uma outra tanta quantidade de energia. A equivalência é mensurada por uma constante, a velocidade da luz ao quadrado: c^2. Como este número (c^2) é muito grande, uma quantidade muito pequena de massa equivale a uma enorme quantidade de energia.[2]

Os resultados da relatividade especial deixam claro que a velocidade da luz é um limite físico do Universo. As equações de transformação mostram que uma partícula que viaje com a velocidade da luz fica completamente achatada (plana), congelada no tempo e com massa infinita. Só a radiação eletromagnética viaja com essa velocidade, e isso porque sua massa é nula.

O princípio da equivalência

Einstein não ficou totalmente satisfeito com a sua teoria, pois ela só tratava de referenciais inerciais, livres de forças e acelerações. Nós, que vivemos sob a ação constante da força gravitacional do nosso planeta, sabemos bem que essa restrição é bastante violenta. Dois anos depois de publicar suas idéias, Einstein impôs a si mesmo a missão de generalizá-las.

Em 1907 ele teve o que chamou de pensamento mais feliz de sua vida. E que pensamento foi esse? Alguém que esteja caindo de um telhado não sente o próprio peso. Nas palavras de Einstein, "... para um observador que cai livremente do telhado de uma casa, não existe ... campo gravitacional".

---

[2] Este é o princípio da bomba H e também o mecanismo de geração de energia das estrelas.

Como ele mesmo explicou, num manuscrito que está na biblioteca Pierpont Morgan, em Nova York, se tal observador em queda livre largasse objetos ao longo do caminho, veria esses corpos com velocidade relativa nula, estariam todos emparelhados. Assim, o observador "tem o direito de interpretar o próprio estado como sendo 'de repouso'".

Isso tudo levava em conta um resultado antigo, da época de Galileu, segundo o qual todos os corpos caem com a mesma aceleração. Se houvesse um único corpo no Universo que fosse atraído pela Terra de forma diferente, isso seria suficiente para que um observador qualquer descobrisse que estava sob o efeito de um campo gravitacional. Mas como todos os corpos caem com a mesma aceleração, "o observador carece de um método objetivo para perceber que ele mesmo está caindo num campo gravitacional".

Esse é o famoso princípio de equivalência, que pode ser resumido da seguinte maneira: um campo gravitacional que puxe numa direção é equivalente a uma aceleração que aponte para a direção oposta. No exemplo de Einstein, temos um campo gravitacional direcionado para baixo. A aceleração, também direcionada para baixo, é equivalente a um campo em sentido oposto, para cima. Portanto, há dois campos gravitacionais opostos que se anulam.

Princípio de equivalência

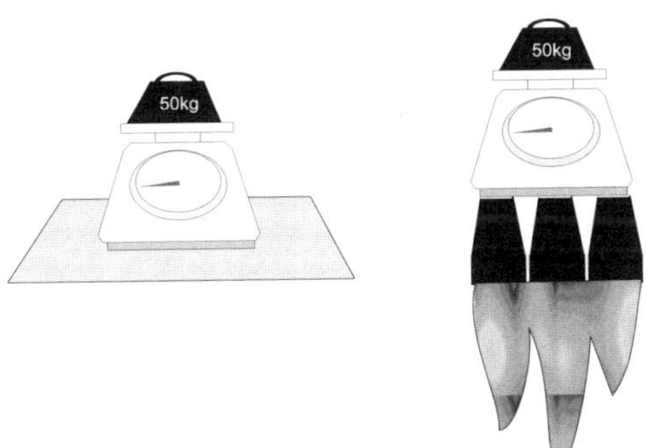

A balança da esquerda está na Terra e mede o peso de uma massa de 50kg. A balança da direita está no espaço distante, acelerada a 9,8m/s^2, e mede o mesmo peso para a mesma massa. Os dois sistemas são completamente equivalentes.

O princípio de equivalência trazia embutido um detalhe crucial: a deflexão gravitacional da luz. Podemos entender isso recorrendo ao exemplo clássico dos dois foguetes equivalentes. No nosso experimento mental, há dois foguetes: um está em repouso, sob ação de um campo gravitacional, enquanto o outro está em movimento acelerado, num local isolado do Universo. A aceleração é tal que os dois sistemas são equivalentes.

Se jogarmos uma bolinha de tênis de uma parede para a outra no segundo foguete, graças à aceleração que age sobre ele (e não sobre a bolinha, enquanto ela está a meio caminho), nosso projétil vai atingir a parede oposta num ponto mais abaixo do que o ponto em que saiu (afinal, o chão do foguete foi acelerado em direção à bolinha). Isso acontece também, obviamente, no primeiro foguete, uma vez que a gravidade faz com que a bolinha se aproxime do chão.

As bolinhas no foguete

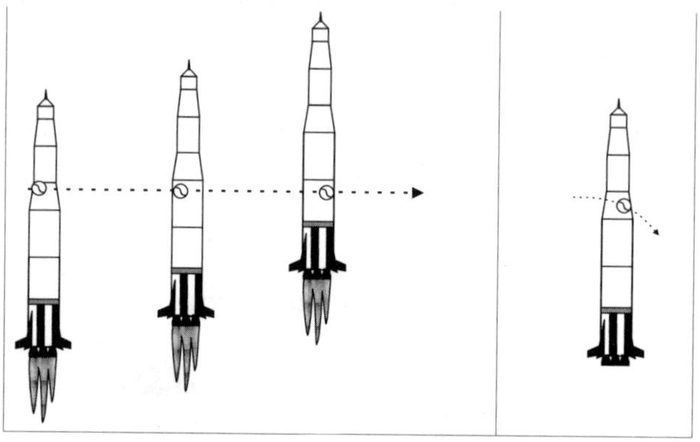

O foguete da esquerda tem aceleração para cima num valor equivalente ao campo gravitacional sentido pelo foguete que está parado, à direita. Os ocupantes dos dois foguetes não têm como diferenciar as situações.

Se trocarmos a bola de tênis por um raio de luz, e nos concentrarmos no segundo foguete, vemos que o exemplo continua válido. A única diferença é que o raio de luz é tão veloz que, para percebermos o efeito, a aceleração do foguete deveria ser absurdamente grande. Se isso pudesse ser providenciado, veríamos o raio de luz atingindo a parede oposta num ponto mais abaixo, mais próximo do chão do foguete. Talvez seja difícil imaginar uma aceleração tão violenta, mas a situação física é idêntica à anterior. Se os dois foguetes são equivalentes, se houver um campo gravitacional forte o bastante, poderemos perceber que o raio de luz foi atraído por ele.

O raio de luz no foguete

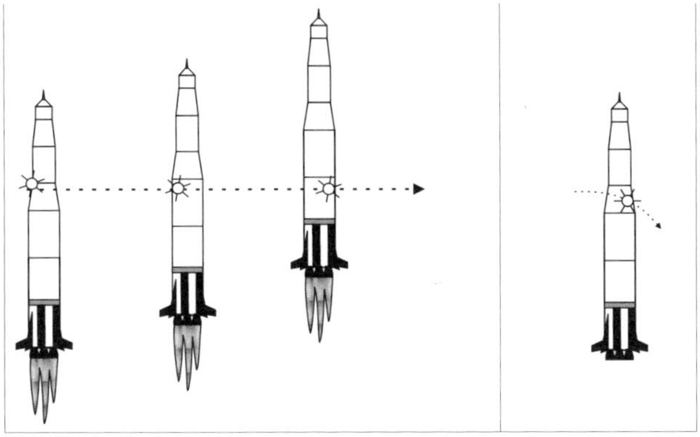

O que vale para uma bola de tênis vale para um raio de luz... Com este exemplo simples vemos como é possível a luz se curvar sob a ação de um campo gravitacional.

Curvando a luz

A luz sofre atração gravitacional. Não tem massa, é verdade, mas ainda assim muda de caminho na presença de um campo gravitacional. Einstein logo pensou num meio de medir essa deflexão gravitacional da luz experimentalmente, durante um eclipse solar. E isso de fato foi feito, durante o eclipse de 1919. (Uma das equipes inglesas registrou o fenômeno em Sobral, no Ceará.)

No mesmo ano em que escreveu sobre a deflexão da luz, Einstein formalizou suas idéias sobre o desvio gravitacional para o vermelho, um resultado físico que pode ser entendido se pensarmos num raio de luz apontado "para cima" (a direção oposta da força da gravidade). O puxão da gravidade causa um alongamento no comprimento de onda desse raio de luz (como se colocássemos um peso numa mola). Um aumento no comprimento de onda, em física, é chamado de desvio para o vermelho (*redshift*), porque a luz vermelha tem o maior comprimento de onda entre todas as cores visíveis do espectro.

Einstein queria avançar, mas seu arcabouço teórico não lhe permitia. Se Newton inventou o cálculo para poder prosseguir com suas investigações sobre a natureza, Einstein encontrou uma barreira matemática que não sabia transpor. Disse a seu amigo Michele Besso, em carta de 1912: "Cada passo é diabolicamente difícil." A Marcel Grossman (1878-1936), outro amigo querido, pediu, desesperado: "Grossman, você tem que me ajudar, senão fico louco!"

E Grossman ajudou. Foi ele quem introduziu Einstein às geometrias não-euclidianas. Essa abordagem era necessária porque, desde Heron de Alexandria (século I), já existia a idéia de que o caminho da luz era a menor distância possível entre dois pontos. Ela fora repensada por al-Hazen (século X) e formalizada muito depois por Pierre de Fermat (séc. XVII). Assim, o que chamamos de "linha reta" (o menor caminho entre dois pontos) é definido pela trajetória do raio de luz. Mas se um raio de luz se curva, o que acontece com as linhas retas?

O quinto postulado

Antes de deixar de lado a geometria usual a que estamos acostumados (a única que se ensina na escola), convém enfatizar sua importância e continuada sobrevivência. Euclides, no final do século IV AEC, definiu os conceitos básicos da geometria (ponto, reta e plano), escrevendo também seus famosos postulados.

Os cinco postulados de Euclides

1. Ligando dois pontos, existe uma única reta.
2. Qualquer linha reta pode ser estendida indefinidamente.
3. É sempre possível desenhar um círculo, quaisquer que sejam o centro e o raio.
4. Todos os ângulos retos são idênticos entre si.
5. Por um ponto passa uma e apenas uma reta paralela a outra reta existente.

Por mais de dois mil anos a geometria de Euclides foi a única disponível para os pesquisadores. Os pensamentos de Euclides reinaram absolutos até o final da década de 1820. Com os trabalhos de Nikolai Lobachevskii (1792-1856) e János Bolyai (1802-1860), surgia a geometria não-euclidiana.

O nascimento oficial desse novo ramo da matemática é geralmente relacionado à publicação do artigo *Sobre os princípios da geometria*, de Lobachevskii, em 1829. Sua grande obsessão, que o levou à criação de uma nova geometria, era elevar o quinto postulado de Euclides à categoria de um teorema. Essa é uma diferença sutil, especialmente para os que não são matemáticos. Mas o importante é saber que um postulado, ao contrário de um teorema, não exige uma prova formal, baseando sua validade na ausência de um contra-exemplo.

Após muito estudar o problema, convencido de que o quinto postulado não poderia ser provado tendo como base apenas os outros quatro, Lobachevskii decidiu abandoná-lo. Tornou-se o primeiro matemático a publicar uma geometria especificamente construída sobre uma hipótese em conflito direto com o postulado das retas paralelas.

Reta paralela

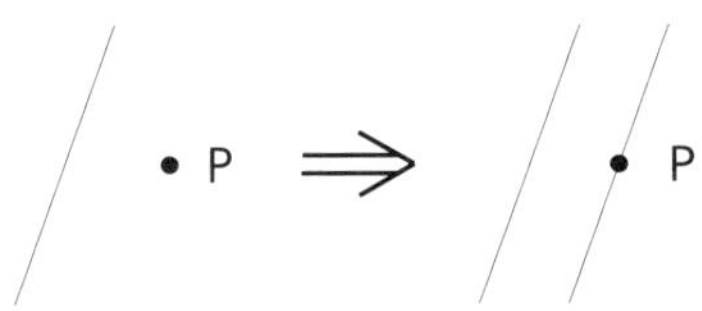

Dada uma reta qualquer e um ponto *P* que não pertença a ela, só é possível traçar uma única reta por *P* que não cruze a reta original. Esse é o quinto postulado de Euclides.

Ao admitir que por um dado ponto pudessem passar retas que nunca tocassem outra reta dada (ou seja, retas paralelas), o matemático russo feria o senso comum de tal modo que decidiu ele mesmo chamar sua nova geometria de "geometria imaginária".

Alheio a isso, um certo oficial do exército húngaro abandonara a carreira militar para se dedicar à matemática. O jovem pretendia mais precisamente provar o quinto postulado de Euclides. Seu nome era János Bolyai. Ao receber tal notícia, seu pai, também matemático, fez-lhe um apelo desesperado, embora vão: "Pelo amor de Deus, eu lhe peço, desista! Tema tanto isso quanto as paixões sensuais, porque também pode tomar todo o seu tempo e privá-lo de sua saúde, paz de espírito e felicidade na vida."

Na mesma época em que o artigo original de Lobachevskii estava saindo a público, Bolyai tomou uma decisão semelhante à de seu precursor: abandonar o postulado das paralelas e construir uma nova geometria. Sua "ciência absoluta do espaço" foi publicada em 1832.

Karl Friedrich Gauss apoiou em silêncio os dois trabalhos inovadores. Ele mesmo chegou a ter várias idéias sobre o assunto, mas aparentemente não reconheceu a importância que a geometria não-euclidiana iria ter no futuro. O crédito da invenção deve ser dado a Lobachevskii e Bolyai, ainda que a história reconheça apenas o primeiro como legítimo pai da geometria não-euclidiana.[3]

Anos depois, em 1854, numa palestra intitulada "A respeito das hipóteses que mantêm a geometria", Georg Bernhard Riemann (1826-1866) inseria a geometria não-euclidiana definitivamente no rol dos ramos da matemática dignos de estudo. Até então essas geometrias haviam sofrido um certo descaso por parte da academia. Em sua apresentação, Riemann fornecia uma visão ampla e profunda da geometria e propunha uma abordagem global, em que ela deixava de se preocupar com pontos, retas e planos, para se concentrar no espaço que os continha. Esses espaços, em matemática, chamam-se "variedades".

As variedades, no trabalho de Riemann, podiam ter um número qualquer de dimensões. Suas geometrias eram não-euclidianas num sentido muito mais geral do que a de Lobachevskii (para quem a questão principal era "quantas paralelas a uma reta podem passar por um ponto fora dela?"). Em sua apresentação, Riemann ressaltava que a verdadeira preocupação de qualquer geometria devia ser medir distâncias entre dois pontos.

De volta a Einstein

Grossman, além de ter apresentado Einstein às geometrias não-euclidianas, também lhe mostrou alguns resultados do cálculo tensorial. Um tensor é uma espécie de "supervetor". Se, num espaço de três dimensões, são precisos três componentes para definir um vetor — um número para cada coordenada, x, y, z —, para definir um tensor em tal espaço são necessários nove números — 3^2.

Esquema escalar, vetorial e tensorial

$$8, \begin{pmatrix} 2 \\ 4 \\ 8 \end{pmatrix}, \begin{pmatrix} 1 & 2 & 3 \\ 2 & 4 & 8 \\ 1 & 3 & 9 \end{pmatrix}$$

Um número denota uma intensidade e representa uma grandeza escalar. Uma grandeza vetorial (no espaço tridimensional) é descrita por um conjunto de três números. Uma grandeza tensorial, por nove números.

[3] A injustiça com János Bolyai aconteceu enquanto ele ainda era vivo, o que lhe causou profunda depressão e o conseqüente abandono das pesquisas.

Num campo escalar, cada ponto no espaço ganha um valor, a intensidade. Num campo vetorial, cada ponto está associado a três valores, que traduzem também a intensidade e o sentido. Por fim, num campo tensorial, cada ponto no espaço é representado por nove componentes.

A colaboração de Grossman mostrou a Einstein que ele jamais faria o que estava pretendendo: a inclusão da gravitação na relatividade especial. Sua tarefa deveria ser algo diferente, a generalização da teoria original.

Einstein mergulhou a fundo na análise tensorial e na geometria diferencial (uma geometria que trata de curvaturas infinitamente pequenas), ferramentas matemáticas que dominava pouco (não só ele, mas a maioria dos físicos da época). Da colaboração inicial com seu amigo Grossman até a forma final da relatividade geral três anos se passaram. Se, ao chegar a Zurique em 1912, a convite de Grossman, Einstein já tinha a certeza de que teria que trocar um único potencial gravitacional (um campo escalar) por dez (um campo tensorial),[4] suas equações para esse campo tensorial da gravidade só ficariam prontas no final de 1915, e assim mesmo após um conturbado período, em que cada novo artigo desdizia o que havia sido escrito no anterior. Por aquela ocasião Einstein disse sobre si mesmo: "O amigo Einstein segue sua conveniência. Todos os anos renega o que escreveu no ano anterior."

Mas o artigo de 25 de novembro de 1915 não precisaria ser renegado. Nele Einstein apresentava ao mundo (na verdade, à restrita audiência da sessão plenária da Academia Prussiana de Ciências) sua teoria da relatividade geral. Einstein expunha dois resultados importantes, deduzidos a partir de sua teoria: uma quantificação precisa da deflexão da luz por um campo gravitacional e uma explicação para o movimento anômalo do periélio do planeta Mercúrio.

O periélio de Mercúrio

O periélio é o ponto de maior aproximação entre um planeta e o Sol e apresenta um movimento de precessão ao redor do Sol.

Os astrônomos do século XIX sabiam com bastante precisão como se dava o movimento do periélio do planeta Mercúrio, mas era impossível explicar o fenômeno por

→

[4] Einstein já trabalhava então com o espaço-tempo, ou seja, com quatro dimensões. Um tensor quadridimensional tem 4^2 componentes, ou seja, 16. Mas alguns tensores podem ser simplificados, porque podem ser simétricos ou antissimétricos. Como é simétrico, o tensor do campo gravitacional tem ao todo dez componentes. Um tensor antissimétrico tem apenas seis.

meio da mecânica newtoniana. A diferença entre o movimento previsto pela teoria de Newton e o movimento observado era pequena, mas incômoda.

A explicação aceita para esse movimento anômalo era a existência de um planeta entre Mercúrio e o Sol. Tal corpo — que chegou a ser batizado de Vulcano —, graças à sua força de gravidade, afetaria o movimento de Mercúrio.

Mas o planeta Vulcano não existe. Como Mercúrio está muito próximo do Sol, a interação entre ambos deve ser expressa por uma lei de gravitação mais precisa que a proposta por Newton. Esta lei é a relatividade geral.

As equações tensoriais para o campo gravitacional escritas por Einstein previam exatamente o movimento observado.

A relatividade geral

Em sua forma final, a relatividade geral amarrava a geometria do espaço-tempo à quantidade de matéria e energia nele existente, e isso por meio de uma equação tensorial. A luz fazia uma curva e, portanto, as "retas" eram curvas. Essas "retas" — fossem elas retas ou curvas — têm o nome de geodésicas.

Um raio de luz, portanto, define uma geodésica — a menor distância entre dois pontos. Nosso senso comum e nossa experiência cotidiana nos dizem que essa geodésica é uma linha reta. Mas as equações de Einstein acabavam de mostrar que as "linhas retas" (as geodésicas) não eram tão retas assim. A luz fazia uma curva. Nas palavras do físico John Wheeler (1911), "a matéria diz ao espaço como se curvar; o espaço diz à matéria como se mover".

Em 1917 Einstein voltou suas baterias para as soluções cosmológicas que sua teoria podia lhe fornecer. Bastava entrar com a densidade de matéria e energia de um lado da equação e, ao resolvê-la, obteria a geometria do Universo, sua forma.

Equação de Einstein

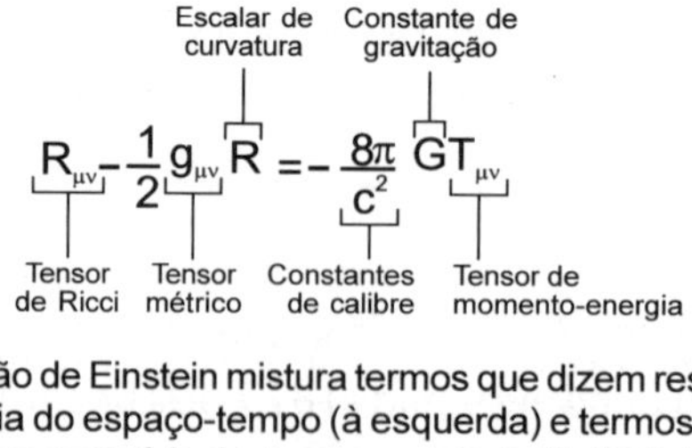

A equação de Einstein mistura termos que dizem respeito à geometria do espaço-tempo (à esquerda) e termos que se referem ao conteúdo de massa e energia (à direita).

Essa forma não é o que imaginamos. Devemos lembrar que as equações de Einstein eram quadridimensionais, ou seja, englobavam o espaço e também o tempo. Quando ele encontrou a "forma" do Universo, na verdade estava descobrindo sua forma no espaço e no tempo, ou seja, sua "geografia" e sua "história".

As primeiras soluções de Einstein apontavam para um Universo dinâmico, algo em constante evolução. Ele discordava disso tão veementemente que chegou a incluir um termo extra em suas equações originais (a hoje famosa "constante cosmológica"), só para que elas (as equações) mostrassem que o Universo era estático.

Equação com a constante cosmológica

$$R_{\mu\nu} - \frac{1}{2} g_{\mu\nu} R - \underbrace{\Lambda}_{\text{Constante cosmológica}} g_{\mu\nu} = -\frac{8\pi}{c^2} G T_{\mu\nu}$$

A equação de Einstein "corrigida" por seu autor.

Mas outros físicos teóricos confiavam mais na teoria de Einstein do que ele próprio. O russo Alexander Friedmann (1888-1925), por exemplo, que era um afamado meteorologista, descobriu em 1922 as soluções para um Universo em expansão, idéia que Einstein desprezara cinco anos antes. O russo tentou entrar em contato com Einstein, que já era uma celebridade e tinha muito pouco tempo disponível. Quando o astrônomo Edwin Hubble (1889-1953) observou em 1929 que o Universo de fato estava em expansão, Einstein se retratou, afirmando que a constante cosmológica tinha sido seu "maior erro", e deu todo o crédito a Friedmann, que infelizmente já não podia desfrutar da glória.

Outros físicos, matemáticos e astrônomos se debruçaram sobre as soluções cosmológicas das equações de Einstein. Convido o leitor que tenha interesse em cosmologia a consultar meu livro *Cosmo-o-quê? Uma introdução à cosmologia*.

Buracos negros

Termino este capítulo lembrando um importante resultado da teoria da relatividade geral, obtido por Karl Schwarzschild (1873-1916) em 1916. Enquanto Einstein e a maioria dos teóricos estavam preocupados com as soluções cosmológicas das equações, isto é, com as soluções que dissessem respeito ao Universo como um todo, Schwarzschild aplicou a fórmula a um objeto compacto de forma esférica (ou seja, uma estrela, um planeta, um objeto celeste). Para sua surpresa, encontrou uma região em que os efeitos gravitacionais eram tão violentos, em que o espaço-tempo estava tão curvado, que nem a própria luz conseguiria escapar.

Schwarschild morreu nas trincheiras da Primeira Guerra Mundial, sem saber da importância que seus estudos iriam ter para a ciência vindoura. Mas a solução que encontrou mostrava claramente os efeitos de um forte campo gravitacional: contração espacial e dilatação temporal análogos aos efeitos sofridos por objetos muito velozes. Nas proximidades de um forte campo gravitacional, assim como em grandes velocidades, as réguas se achatavam e os relógios andavam em câmera lenta.

Mas que objetos celestes produziriam tais campos gravitacionais?

Como não podiam ser observados (afinal, por definição, eles não emitiam luz), esses astros sofreram um grande preconceito científico. Ajudava a torná-los "párias" o fato de que não existia ainda qualquer motivo natural para a existência de um objeto de tal densidade. Isso mudou com o surgimento da teoria de evolução estelar.

No início da década de 1950 já se sabia o que fazia uma estrela brilhar (a fusão nuclear em seu centro), como ela nascia (lenta condensação de gigantescas nuvens de hidrogênio provocada pela gravidade) e como se mantinha estável (o equilíbrio entre a força gravitacional e a pressão provocada pela geração de energia em seu interior). A grande pergunta era: quando não há mais combustível na estrela, quando cessa a geração de energia, quando a pressão deixa de existir, a estrela morre?

Era evidente que a morte da estrela passava pelo colapso gravitacional, visto que a gravidade era a única força atuante num objeto que não mais gerasse energia. O colapso gravitacional poderia produzir estrelas do tipo das anãs brancas, como acontecerá com o Sol. Mas estrelas com maior massa entrariam em colapso mais violentamente, provocando explosões monumentais (as supernovas). Essas explosões deixariam o núcleo da estrela exposto, um corpo muito pequeno e denso. Em alguns casos, a gravidade nas vizinhanças desse estranho corpo celeste seria tão grande que nem a luz conseguiria escapar.

Como os cálculos de Schwarzschild já haviam mostrado, nas proximidades desses corpos o tempo pára. Por isso mesmo, o primeiro nome sugerido para eles foi "estrelas congeladas", o que não agradou muito a comunidade científica. Por um bom tempo os objetos misteriosos continuaram atendendo pelo pomposo (e verborrágico) nome de "objeto totalmente colapsado gravitacionalmente".

Em 1969, o físico norte-americano John Wheeler cunhou o termo "buraco negro". Essa expressão, bastante famosa fora dos círculos científicos, pode levar a uma interpretação errônea. O buraco negro não é um buraco, mas um conjunto formado pelo núcleo da estrela morta (a "singularidade") e seu "horizonte de eventos" (uma esfera imaginária ao redor da singularidade, definida pelo raio de Schwarzschild).

Buraco negro

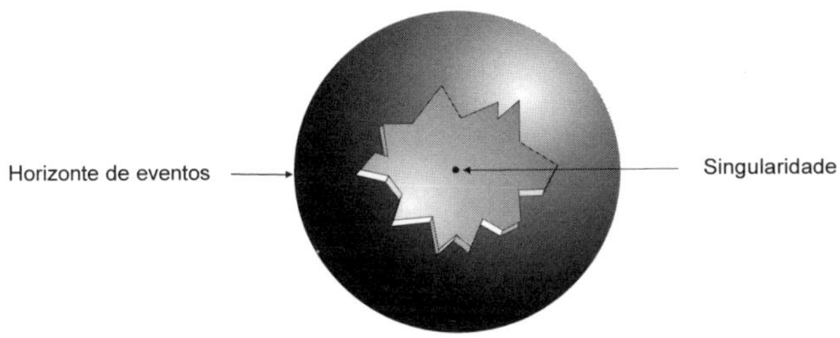

Nesse esquema simplificado de um buraco negro, vemos uma massa muito grande distribuída numa região muito pequena, a singularidade. Isso define uma fronteira intangível, o horizonte de eventos. Qualquer objeto que esteja na parte interna do horizonte de eventos jamais escapará da atração do buraco negro.

8 O calor se move...

> O calor, como a gravidade, penetra todas as substâncias do Universo. ... A teoria do calor será um dos mais importantes ramos da física.
>
> JEAN-BAPTISTE FOURIER

O flogístico

Não é difícil falar de calor para os habitantes de um país tropical como o nosso. Das terras amazônicas às serras gaúchas, sabemos bem o que é o calor. Mas como defini-lo de forma clara e objetiva? Essa não é uma coisa fácil. Vamos deixar a relatividade e voltar no tempo, para nos concentrarmos nessa tarefa.

Vimos que, para Aristóteles, o calor era um dos quatro componentes básicos da matéria (sendo os outros três o frio, a secura e a umidade). Apesar de o filósofo grego ter influenciado enormemente o pensamento humano, sua idéia não ganhou força, prevalecendo os elementos de Platão (ar, água, terra e fogo).

Mas e o calor? Em 1620, Francis Bacon (1561-1626) sugeriu que o calor era uma forma de movimento, idéia também adotada por Robert Boyle em 1665. Quatro anos mais tarde, o químico alemão Johann Becher (1635-1682) afirmou que durante a combustão de uma substância algo era liberado, e Becher chamou esse algo de "terra gordurosa" (*terra pinguis*). Quase 30 anos depois suas idéias seriam depuradas por Georg Stahl (1660-1734), seu conterrâneo.

Stahl era médico e dava aulas na Universidade de Halle quando, em 1697, inventou o flogístico, quase a mesma coisa que a "terra gordurosa" de Becher, só que com outro nome. Para ele, o flogístico era uma substância combustível que fazia parte das coisas do mundo. A queima de um objeto nada mais era do que a liberação dessa substância nele contida. Se algo tinha muito flogístico (como o carvão, por exemplo), queimava bem. Substâncias pobres em flogístico eram difíceis de ser queimadas. Stahl ia mais além, ao apontar que certos metais, quando queimados, deixavam um resíduo, a cal. O metal seria então composto por esse pó e pelo flogístico. Aquecendo a cal (ou seja, fornecendo-lhe o elemento flogístico), seria possível recompor o metal.

Já como médico do rei da Prússia, Stahl publicou um trabalho (*Fundamentos da química dogmática e fundamental*), no qual divulgava sua teoria do flogístico, que se tornou muito popular até ser derrubada por Antoine Lavoisier (1743-1794).

Considerado o pai da química moderna, Lavoisier formulou em 1789 a lei de conservação da massa: "na natureza, nada se cria, nada se perde, tudo se transforma", publicada em *Tratado elementar de química*. Estudando o trabalho de Stahl, ele pôs-se a queimar diferentes substâncias em laboratório, a fim de comprovar (ou não) a existência do flogístico. Incomodava-o o fato de que algumas delas, após queimadas, tornavam-se mais pesadas (perdiam flogístico, mas ganhavam peso). Lavoisier realizou algumas queimas controladas, confinadas num recipiente que curiosamente permanecia com o peso constante (em tese ele deveria ficar acrescido do flogístico emanado).

Cada vez mais intrigado com suas experiências de combustão, Lavoisier descobriu que o aquecimento da cal, conforme os experimentos descritos por Stahl, produziam um gás que já havia sido descrito pelo químico escocês Joseph Black (1728-1799) em 1754, batizado como "ar fixo" (hoje conhecido como gás carbônico).

Black contribuiu bastante para a teoria do calor, introduzindo o conceito de calor latente, ao mostrar que uma certa quantidade de gelo, mesmo recebendo calor de maneira contínua, não ficava mais quente enquanto não derretesse por completo. Além disso, observou que diferentes materiais respondiam de modo diverso a uma mesma quantidade de calor: a quantidade de calor recebida por um corpo e a conseqüente elevação de temperatura eram influenciadas por propriedades físicas dos materiais. Assim, Black chamava a atenção para a diferença entre o calor (algo ainda um pouco misterioso) e a temperatura (uma grandeza de fácil apreensão).

Medindo a temperatura

Galileu Galilei foi pioneiro em várias áreas da ciência. Em 1592 construíra um dispositivo que permitia observar a variação de temperatura de um corpo. O aparelho consistia de um tubo de vidro semipreenchido por água colorida. À medida que o ar no interior do tubo se expandia ou contraía, empurrando a coluna de água, Galileu podia observar o respectivo aquecimento ou esfriamento do ar. Como não possuía qualquer tipo de escala de temperatura, o aparelho de Galileu era um simples termoscópio para observar a temperatura, e não um termômetro, instrumento para medir a temperatura.

Uma escala rudimentar foi adaptada ao termoscópio de Galileu pelo médico italiano Santorio Santorio (1561-1636), em 1611. Para marcar os extremos, ele pôs o aparelho em contato com o gelo e com a chama de uma vela e em seguida dividiu o intervalo obtido em 110 partes. Estava inventado o termômetro, termo cunhado em 1624, por Jean Leurechon.

O passo seguinte seria inventar uma escala que fosse útil e permanente e construir um termômetro confiável. Em 1630 o médico francês Jean Rey (1582-1632) passou a observar o comportamento da água — e não mais o do ar —, sua dilatação e contração. Iniciou então um processo de mudança de substância termométrica que seria seguido por Ferdinando II, rei da Toscana (que utilizou o álcool). Além disso, Rey aperfeiçoou o dispositivo, vedando-o, para eliminar as perturbações da pressão atmosférica (que havia sido descrita um ano antes, por Torricelli).

Robert Boyle, Robert Hooke e Christiaan Huygens (personagens de quem já falamos), sugeriram em 1665, mas de modo independente, a adoção de um padrão termométrico, um ponto fixo (zero) na escala dos termômetros. Porém, cada qual sugeria uma temperatura diferente. Alguns anos depois, o matemático e jesuíta francês, Honoré Fabri (1607-1688) ampliou a idéia, propondo a adoção de dois pontos fixos, e não apenas um. Fabri escolheu como ponto mais baixo a temperatura da fusão do gelo (quando o gelo vira água, ou vice-versa) e como mais alto "a temperatura mais alta do verão".

Isaac Newton sugeriu em 1701 a seguinte escala termométrica: zero grau, "o calor do ar do inverno, quando a água começa a congelar"; 12 graus, "o calor do corpo humano"; e 192 graus, "o calor do carvão de uma pequena cozinha soprado por um fole". No ano seguinte, Ole Römer construiu um termômetro a álcool, fixando a escala em dois pontos, o de congelamento e o de ebulição da água, 7,5 e 60 graus, respectivamente.

O trabalho de Römer teve influência direta no de Daniel Fahrenheit (1686-1736), que viera visitá-lo e passara a se interessar pela termometria. Em 1709 Fahrenheit já havia construído seu próprio termômetro de álcool e em 1714 sugeriu uma escala termométrica que ia do zero (temperatura de congelamento da água do mar) ao 96 (temperatura do sangue humano). Adotou em 1718 o mercúrio como substância termométrica e seis anos depois inventou uma escala usada até hoje: 32 graus para a temperatura de congelamento da água e 212 para sua ebulição.

Outra escala foi proposta em 1730 pelo físico francês René Réamur (1683-1757), na qual a temperatura de congelamento da água correspondia a zero, e a de ebulição, a 80. Dez anos depois o botânico sueco Carl von Linné (1707-

1778) sugeriu a criação de uma escala centígrada, ou seja, dividida em 100 graus entre seus dois pontos fixos, criada em 1742 por seu conterrâneo, o astrônomo Anders Celsius (1701-1744). Segundo Celsius, a água fervia a zero grau e congelava a cem. Von Linné inverteu esses valores um ano depois, e desde então temos a escala Celsius, tal como a conhecemos hoje, de zero a cem graus. O próprio Von Linné inventou a notação °C, °R e °F para as escalas Celsius, Réamur e Fahrenheit, respectivamente.

O calórico

Voltemos às considerações sobre o calor... Lavoisier repetiu em 1778 uma experiência do químico inglês Joseph Priestley, na qual a combustão do óxido de mercúrio (chamado na época de *mercurius calcinatus per se*) dava origem ao mercúrio e a um gás desconhecido, batizado por Priestley de "ar deflogisticado" (o oxigênio). Observou ainda a formação de um outro gás — que, por ser inerte, batizou de azoto, palavra grega que quer dizer "sem vida". Esse gás já havia sido descoberto pelo químico escocês Daniel Rutherford (1749-1819), que o batizara de "ar flogisticado", hoje chamado de nitrogênio.

Os nomes antigos podem parecer complicados, mas por muito tempo a palavra "ar" era usada como sinônimo de "gás", cuja origem duvidosa é normalmente atribuída ao médico flamenco Jan Baptiste van Helmont. O termo é usualmente ligado à palavra grega *kaos,* que significa "falta de ordem". Mas Bassalo chama a atenção em seu livro para o fato de que em flamenco "espírito" se escreve *ghoast*. Helmont poderia estar se referindo ao "espírito" das coisas inanimadas.

Além do ar flogisticado (nitrogênio) e do ar deflogisticado (oxigênio), eram conhecidos o ar fixo (gás carbônico) e o ar inflamável (hidrogênio). Priestley, ao explodir uma centelha elétrica numa mistura de ar inflamável e ar deflogisticado, percebeu o surgimento de um líquido no interior do recipiente. Cavendish corajosamente provou o líquido e concluiu que se tratava da água.

Lavoisier afirmou em 1783 que a água era uma substância composta de hidrogênio e oxigênio. Mas Cavendish era adepto da teria do flogístico, e não concordou com isso, o que o levou a entrar numa disputa com o químico francês. Para Cavendish o ar era composto, enquanto a água e o flogístico eram substâncias elementares. O ar inflamável era feito de água com flogístico, enquanto o ar deflogisticado era composto por água sem flogístico. Hoje sabemos claramente que Lavoisier estava certo.

Naquele mesmo ano, num trabalho feito em conjunto com o célebre matemático e astrônomo francês Pierre Simon, marquês de Laplace (1749-1827), Lavoisier postulou a existência de uma "partícula de calor" que chamou eufemisticamente de *matière de feu* (matéria de fogo). Os três estados da matéria, sólido, líquido e gasoso, eram explicados pelas quantidades dessas partículas de calor. Em 1787, numa obra conjunta com vários químicos franceses (*Método de nomenclatura química*), Lavoisier rebatizou sua *matière de feu* como "calórico". A teoria do calórico foi difundida com a publicação do já citado *Tratado elementar de química*, em 1789.

Abaixo o calórico

A teoria do calórico formulada por Lavoisier começou a ser combatida por Benjamin Thompson, o conde de Rumford (1753-1814) — norte-americano que apoiava a Coroa britânica e, em 1775 (um ano antes da independência dos Estados Unidos), se viu forçado a cruzar o Atlântico, estabelecendo-se na Inglaterra.

Trabalhando com a construção de canhões, Rumford observou que havia uma produção contínua de calor durante o processo de perfuração das barras de ferro que formavam o cano do armamento. Se a teoria do calórico fosse verdadeira, isso não deveria ocorrer. Caso o calor estivesse contido nos corpos, então todos os corpos deveriam possuir uma quantidade finita de calor. (De acordo com a teoria do calórico, o calor causado pela fricção era "espremido" dos corpos, assim como o sumo de uma fruta.)

Em seu trabalho de 1798, *Uma investigação a respeito da fonte de calor que é produzido por fricção*, Rumford sugeriu à Royal Society que havia uma conversão direta entre o trabalho realizado e o calor gerado. Ele negou a existência do calórico, afirmando que "tudo aquilo que um corpo qualquer ... é capaz de produzir ilimitadamente não pode ser substância material". Para Rumford (resgatando idéias de Francis Bacon e Robert Boyle), o calor era uma forma de movimento. Isso foi corroborado pelo químico Humphrey Davy, em 1799.

Rumford mudou-se para Paris em 1804 e ironicamente casou-se com a viúva de Lavoisier. No mesmo ano realizou uma série de experiências sobre a transferência de calor, chegando a mostrar que ele se propagava no vácuo. Independentemente disso, a academia francesa recebeu em 1807 o trabalho do matemático Jean-Baptiste Fourier (1768-1830), uma equação de difusão do calor. Laplace e Lagrange não aprovaram a polêmica abordagem de Fourier, que utilizava séries trigonométricas (senos e co-senos) para obter as soluções. Em 1810 a academia ofereceu um prêmio a quem resolvesse o problema da condução do calor. No ano seguinte, o prêmio foi dado ao próprio Fourier, por um trabalho que era basicamente idêntico ao de 1807.

Além de excelente matemático Fourier tinha um especial apreço pelo poder. Era amigo de Napoleão, tendo participado com ele da invasão do Egito. Fora nomeado prefeito de Grenoble pelo general, e nessa cidade francesa elaborou sua teoria sobre a difusão do calor. Mesmo depois da queda do imperador conseguiu se manter no cargo. Quando Napoleão escapou do exílio em Elba, Fourier não teve outra opção além de fugir de Grenoble, primeira parada do antigo regente. Com muita habilidade política o matemático conseguiu novamente cair nas graças do general, que chegou a lhe dar outro cargo administrativo, bem como uma pensão vitalícia. Para o azar de Fourier, Napoleão foi derrotado em 1815, e ele nunca viu a cor do dinheiro.

Em 1822, já secretário da academia, Fourier publicou a *Teoria analítica do calor*, em que apresentava uma equação diferencial descrevendo a condução de calor. Seu trabalho, premiado em 1811, foi finalmente publicado em 1824, nas *Mémoires de l'Academie des Sciences de l'Institut de France*.

William Thomson, lorde Kelvin

Em 1840, com apenas 16 anos de idade, Kelvin estudou o artigo de Fourier, a "Teoria analítica do calor" e fez o seguinte comentário: "Peguei [o artigo de] Fourier na biblioteca da universidade; numa noite eu o dominava." Vale lembrar que o trabalho continha uma matemática inédita (as séries de Fourier), e que Laplace e Lagrange, grandes matemáticos, não o haviam aprovado quando o viram pela primeira vez.

Kelvin publicou em 1842 *Sobre o movimento uniforme do calor e sua conexão com a teoria matemática da eletricidade*, em que empregava o método de Fourier para formular uma equação de continuidade para a eletricidade, o que implicava uma conservação do fluxo elétrico. Em 1848 publicou *Sobre uma escala termométrica absoluta fundada sobre a teoria de Carnot da potência motriz do calor*.

Partindo do ciclo de trabalho proposto por Carnot, Kelvin provou que deveria haver uma temperatura mínima que, uma vez atingida, não poderia jamais ser diminuída. Em física chamamos isso de "escala absoluta de temperatura", pois nela não há temperaturas negativas. Em 1851 Kelvin calculou matematicamente o valor da temperatura zero e sua escala absoluta: –273°C. Essa temperatura, desde então, ficou conhecida como "zero absoluto".

O ciclo de Carnot

A máquina a vapor surgiu no final do século XVII, construída por Thomas Savery (c. 1650-1715). Aperfeiçoada por Thomas Newcomen (1663-1729) e James Watt (1736-1819), tornou-se objeto de estudo de um jovem físico francês: Sadi Carnot (1796-1832).

A máquina de Carnot era uma construção ideal, que não sofria atrito e, ao realizar um ciclo completo, levava a substância usada (vapor, gás) de volta ao seu estado inicial. Esse ciclo é conhecido até hoje como "ciclo de Carnot".

Carnot concluiu que o trabalho realizado dependia apenas da diferença de temperatura entre a fonte quente (a caldeira) e a fonte fria (o condensador), resultado demonstrado matematicamente por Emile Clapeyron (1799-1864) em 1834. Avaliou ainda que o rendimento das máquinas a vapor existentes, comparado ao de sua máquina ideal, era de apenas 5% aproximadamente.

Kelvin, porém, não foi o primeiro a pensar no zero absoluto. Quase um século e meio antes dele, o físico francês Guillaume Amontons (1663-1705) já havia percebido que, durante o resfriamento do ar, uma queda na temperatura era sempre acompanhada por uma queda na pressão. Logo, se a pressão podia cair no mínimo a zero, deveria existir uma temperatura mínima que, uma vez atingida, não poderia ser ultrapassada.

Entre uma investigação e outra a respeito da escala absoluta de temperatura, Kelvin debruçava-se sobre os trabalhos de Carnot. Em 1849, ao falar de seus estudos sobre o calor, cunhou a palavra "termodinâmica", referindo-se justamente ao movimento do calor.

A termodinâmica

Curiosamente, assim como há três leis de Newton e três leis de Kepler, há também três leis da termodinâmica. Resumidamente, são elas:

1. A energia se conserva.
2. A entropia sempre cresce.
3. Não se pode atingir o zero absoluto.

A primeira lei da termodinâmica é a mais fundamental das três. Foi descoberta pelo médico alemão Julius Robert von Mayer (1814-1878), um aluno medíocre que, em 1840, conseguira um emprego como médico de bordo de um navio que estava de partida para a ilha de Java, no Pacífico Sul. Numa parada no porto de Surabaia, na atual Indonésia, Mayer viu-se obrigado a sangrar um dos tripulantes (procedimento médico legítimo àquela época). Ao fazê-lo, impressionou-se ao ver jorrar um sangue vermelho brilhante, ao contrário do sangue escuro e opaco que esperava encontrar. Chegou a temer ter cortado uma artéria, em lugar de uma veia.[1] Mas seus conhecimentos de medicina não eram assim tão ruins...

Mayer ficou impressionado ao perceber que o sangue venoso de seu paciente apresentava uma coloração forte e pungente, e concluiu que isso se devia ao metabolismo humano, que agiria de forma diferente nos trópicos. Por essa época Mayer já conhecia as idéias de Lavoisier sobre a produção de calor animal por meio da lenta combustão dos alimentos. Assim, concluiu que, nos trópicos, o corpo humano não precisava gerar tanta energia para manter sua temperatura constante, e portanto usava menos oxigênio (que confere a cor vermelha ao sangue).

Esse acontecimento levou-o a fazer a ligação entre a ingestão de alimentos e a produção de energia. Acrescentando-se o fato óbvio de que o corpo humano é capaz de realizar trabalho, Mayer concluiu que a energia química contida nos alimentos era responsável pelo trabalho realizado pelo corpo. Intuitivamente percebeu que trabalho e energia são duas faces de uma mesma moeda. Indo mais além, postulou que uma mesma quantidade de comida poderia ser transformada em quantidades diferentes de trabalho e calor corporal, e que, portanto, essas duas quantidades, somadas, permaneciam constantes.

Mayer tentou generalizar suas conclusões aplicando-as a diferentes sistemas físicos, mas infelizmente faltavam-lhe habilidade matemática e conhecimento prévio de certos conceitos físicos. Ainda assim, foi o primeiro a postular o que hoje conhecemos como primeira lei da termodinâmica, que prega a conservação da energia.

Trilhando caminhos distintos, James Prescott Joule (1818-1889) e Hermann von Helmholtz (1821-1894) chegaram à mesma conclusão de Mayer. Joule era físico e, como Kelvin, chegou ao calor pelo estudo da eletricidade. Em 1840 descobriu uma lei que ligava a corrente e a resistência de um circuito elétrico ao calor por ele gerado. Em seguida, passou alguns anos realizando experimentos para estudar a conversão de eletricidade em calor, e deste em trabalho mecânico. Na mesma época publicou um ensaio num jornal local, o *Manchester Courier*, intitulado "So-

[1] Amigos médicos me confirmam que o sangue arterial, rico em oxigênio, apresenta realmente uma cor viva, enquanto o sangue venoso é bem mais escuro.

bre a matéria, a força vital e o calor", no qual defendia suas idéias sobre a conservação da energia, argumentando em favor da conversão de movimento em calor.

Algo semelhante fez o médico alemão Helmholtz no mesmo ano. Interessado em mostrar que a força dos músculos tinha origem na química e na física, repetiu independentemente os argumentos de Joule, num trabalho intitulado *Sobre a conservação da energia*.

Joule publicou "Sobre o equivalente mecânico do calor" em 1849. Ao contrário do trabalho semelhante de Mayer, seu artigo teve reconhecimento imediato. Assim, Mayer, Joule e Helmholtz são considerados os descobridores da primeira lei da termodinâmica.

Numa releitura moderna, de posse do mais famoso resultado da relatividade especial ($E = mc^2$), podemos unificar a primeira lei da termodinâmica e a lei de conservação da massa de Lavoisier, obtendo um poderoso princípio: a massa-energia de um sistema se conserva.

Shakespeare e a termodinâmica

O cientista e romancista inglês Charles P. Snow (1905-1980) enumerava as três leis da termodinâmica de maneira inusitada.

1. Você não pode ganhar o jogo.
2. Você não pode empatar o jogo.
3. Você não pode desistir do jogo.

Snow costumava provocar seus interlocutores dizendo que "um leigo que não conheça a segunda lei da termodinâmica equivale a um cientista que jamais tenha lido Shakespeare".

A entropia

Para entender a segunda lei da termodinâmica, "a entropia sempre cresce", precisamos, claro, entender o que é entropia. O termo em si vem do grego "transformação" e foi cunhado pelo físico alemão Rudolf Clausius (1822-1888).

Estudando os trabalhos de Carnot e Clapeyron, Clausius chegou à conclusão, em 1850, de que era "impossível, por um processo cíclico, transferir calor de um corpo frio para um corpo quente sem gasto de energia". Esse resultado apareceu num artigo chamado "Sobre a força motriz do calor". A afirmação chega a ser óbvia e é comumente reescrita assim: "O calor não flui espontaneamente de um corpo frio para um corpo quente."

Clausius produziu em 1854 uma formulação matemática que mostrava aquilo que já havia afirmado e prosseguiu com seu trabalho sobre termodinâmica, até culminar, em 1865, com a definição de uma nova grandeza física, a entropia.

Ele definiu a entropia matematicamente, considerando-a "a disponibilidade de calor de um sistema". Uma mudança na entropia é o calor absorvido ou emitido dividido pela temperatura do sistema. Quando a entropia cresce, isso significa que há menos calor disponível para que um sistema realize trabalho.

A entropia pode ser entendida como a medição da "desordem" de um sistema. Hoje sabemos que é muito mais do que isso, graças ao conhecimento que temos de átomos e moléculas. Mas no século XIX os átomos eram apenas uma idéia, e as moléculas, uma construção útil.

O conceito de entropia é fundamental para a física, pois fornece a ela uma "seta do tempo", um sentido privilegiado que diferencia o passado e o futuro. A entropia de um prato é menor do que a entropia de um monte de cacos. Por isso, na natureza, pratos viram montes de cacos, mas cacos não viram pratos. Para que cacos virem pratos é preciso gastar energia. (Assim, quando vemos um filme em que cacos viram prato ou vice-versa, sabemos imediatamente se o rolo está na ordem certa ou na ordem inversa, pois a entropia nos concede uma seta do tempo.)

Clausius mostrou que o ciclo de Carnot — que representa uma máquina ideal — só era reversível porque sua entropia era constante. Qualquer outra máquina real construída pelo homem trabalharia num ciclo irreversível, pois a entropia iria sempre crescer. Numa palestra pública intitulada "A entropia do Universo tende a um máximo", em 1865, Clausius mostrou que o cosmos caminhava para o que chamou de "morte térmica", porque, uma vez atingido o estado de máxima entropia, nada mais poderia acontecer.

Ao definir a entropia Clausius fez uma afirmação célebre, que resumia bem as duas leis da termodinâmica então conhecidas: "a energia do Universo é constante; sua entropia tende a um máximo".

A terceira lei da termodinâmica é bem mais recente e foi formulada pelo químico alemão Walther Nernst (1864-1941) em 1906. Estudando uma série de reações químicas, ele formulou seu "teorema do calor", que hoje chamamos de terceira lei da termodinâmica. Na elaboração original, Nernst afirmava que, se uma reação ocorre entre dois cristais puros, com temperatura absoluta zero, a entropia não se altera. Dito de outro modo, o teorema diz que não se pode atingir o zero absoluto por meio de um número finito de passos.

A teoria cinética dos gases

O grande matemático do século XVIII foi o alemão Leonhard Euler (1707-1783). São dele algumas notações importantes que sobrevivem até hoje, como, por exemplo: a letra grega π (pi) representa a razão entre o perímetro e o diâmetro de um círculo; a letra *e* representa a base dos logaritmos naturais; a letra *i*, a raiz quadrada de –1; e a letra grega Σ (sigma) indica a soma de vários fatores.

Em física, Euler produziu uma série de avanços na hidrostática e na mecânica dos corpos rígidos (até hoje os ângulos que definem a orientação de um corpo qualquer são conhecidos como ângulos de Euler). Estudou com afinco a teoria ondulatória da luz (proposta por Huygens) e o cálculo das variações, chegando a construir uma equação para prever a mínima ação de um corpo em movimento. O princípio da ação mínima seria redescoberto por seu amigo Pierre Louis de Maupertuis, como já vimos.

Euler postulou em 1729 que o ar era composto por minúsculas esferas que giravam. Quatro anos depois, seu amigo Daniel Bernoulli (1700-1782) produziu um tratado no qual obteve algumas das leis conhecidas para os gases — derivando inclusive a lei de Boyle (pressão vezes volume é constante) —, tratando-os como se fossem compostos por bolas de bilhar.

Bernoulli lançou em 1738 uma edição revisada de seu tratado, sob o título *Hidrodinâmica*. Usando argumentos de conservação de energia mecânica (movimento),[2] mostrou que, à medida que a temperatura de um gás muda, a pressão muda de acordo com o quadrado da velocidade das "bolas de bilhar" que o compõem. Esse texto, que contém a primeira abordagem estatística para o tratamento das partículas de um gás, seria republicado somente em 1859.

Enquanto isso, prosseguiam os estudos sobre os gases, em paralelo à abordagem pioneira de Bernoulli e Euler. Em 1787 o físico francês Jacques Alexandre Charles (1746-1823) observou que uma mudança de temperatura implicava uma alteração de volume, independentemente do tipo de gás. Joseph-Louis Gay-Lussac (1778-1850) descobriu em 1802 que, a uma pressão constante, uma mudança no volume de um gás acarretava uma alteração também em sua temperatura. As leis de Boyle, de Charles e de Gay-Lussac combinadas podem ser expressas assim: $PV/T =$ constante.

---

[2] Essa "energia mecânica de movimento" teve sua forma matemática $\left(\frac{mv^2}{2}\right)$ definida em 1829, pelo físico francês Gustave Coriolis (1792-1843) e foi batizada de energia cinética por Kelvin e Tait, em 1862.

Em 1806, Thomas Young publicou o *Sistema de química*, contendo o trabalho pioneiro do químico John Dalton (1766-1844), que resgatara as idéias do atomismo grego, defendendo que a matéria era feita de partículas. Os gases, portanto, deveriam ser tratados como um conjunto de pequenas esferas, exatamente como Euler e Bernoulli já haviam feito. Esse tratamento é conhecido como teoria cinética dos gases.

Em 1859 o trabalho de Bernoulli ganhou novo fôlego, atraindo a atenção de James Clerk Maxwell, o pai do eletromagnetismo. Maxwell usou todo o seu rigor matemático nesse campo e em 1867 produziu sua obra principal na área, *Sobre a teoria dinâmica dos gases*. O trabalho foi minuciosamente estudado pelo físico austríaco Ludwig Boltzmann (1844-1906).

No ano seguinte Boltzmann estendeu os resultados de Maxwell, descartando a restrição do isolamento. Introduziu forças externas atuando sobre os gases, inclusive a gravidade. Maxwell e Boltzmann, segundo a receita de Dalton, lidavam com os gases como um conjunto incontável de corpos microscópicos. O tratamento estatístico que surgiu do trabalho de ambos é conhecido como estatística de Maxwell-Boltzmann.

Mecânica estatística

Josiah Gibbs (1839-1903) cunhou em 1884 a expressão "mecânica estatística", aplicando-a ao trabalho de Maxwell, Boltzmann e ao seu próprio. Considerado por muitos o maior cientista norte-americano, Gibbs foi responsável por levar o respeito acadêmico à sua terra natal. Sua abordagem gráfica para os problemas estatísticos envolvendo uma quantidade incalculável de corpos (as moléculas de um gás) foi muito elogiada por Maxwell, que infelizmente morreu logo em seguida. Os trabalhos de Gibbs foram publicados na obscura revista *Transactions of the Connecticut Academy of Sciences*, entre 1873 e 1878. Em 1902 Gibbs divulgou seus últimos resultados em *Princípios elementares em mecânica estatística*, no qual popularizava o termo *ensemble* para tratar da "família" de configurações que um sistema estatístico poderia assumir.

Enquanto isso, do outro lado do Atlântico, na Holanda, um estudante apresentava sua tese de doutorado, *Sobre a continuidade dos estados líquido e gasoso*. Seu nome era Johannes Van der Waals (1837-1923), e ele estava interessado em estudar o comportamento dos gases reais, utilizando os métodos estatísticos de Maxwell e Boltzmann, ao contrário dos "gases ideais", compostos por moléculas de dimensão zero. No processo, Van der Waals acabou revelando que as leis dos gases ideais (Boyle, Charles, Gay-Lussac) poderiam ser deduzidas a partir da teoria cinética dos gases.

A força da abordagem estatística ficaria evidente com a ascensão da teoria atômica da matéria. A realidade dessas partículas e a quantidade delas envolvida em qualquer problema macroscópico tornavam óbvia a necessidade do tratamento estatístico. A descoberta de novas e diferentes partículas, porém, obrigou os físicos a deduzir novas abordagens, de acordo com as diferentes propriedades das partículas.

Se a estatística de Maxwell-Boltzmann satisfazia o problema das moléculas de um gás, ela não dava conta de propriedades mais complicadas descobertas pela mecânica quântica no início do século XX. Se um *ensemble* era o conjunto de configurações possíveis de um sistema, como Gibbs havia definido, então era preciso levar em consideração essas novas propriedades e características das partículas.

Satyendranath Bose (1894-1974), um físico indiano, chamou a atenção de Albert Einstein ao formular em 1924 um novo tratamento estatístico para um tipo especial de partícula, o *quantum* da luz. Como se viu rapidamente no capítulo anterior, foi Einstein quem introduziu esse conceito na física moderna. Ele traduziu o artigo original de Bose para o alemão, acrescentando algumas idéias próprias, e o resultado é o que chamamos hoje de estatística de Bose-Einstein. Em homenagem ao seu descobridor, as partículas que obedecem a essa estatística são coletivamente chamadas de bósons.

Dois anos depois, em 1926, Enrico Fermi (1901-1954) deduziu uma nova estatística, aplicável a um outro tipo de partícula. Como o resultado foi obtido de modo diverso e independente por Paul Dirac (1902-1984), essa estatística ficou conhecida pelo nome de Fermi-Dirac. As partículas a que se aplica são coletivamente chamadas de férmions.

O tratamento estatístico (qualquer um dos três, Maxwell-Boltzmann, Fermi-Dirac ou Bose-Einstein) evidencia uma realidade da qual não podemos fugir: o comportamento microscópico das partículas tem conotações macroscópicas. A ligação mais óbvia é a temperatura, que é uma grandeza macroscópica. A temperatura, como foi dito, é na verdade uma medição da velocidade média das moléculas que compõem um determinado corpo. Quando usamos um forno de microondas, estamos bombardeando um alimento com radiação eletromagnética, as microondas,[3] que dão energia às moléculas do alimento, que aceleram.

[3] Ninguém precisa ter medo. Bombardeamos tudo com radiação eletromagnética cada vez que acendemos a luz.

Com a maior velocidade média das moléculas, o resultado é óbvio: o alimento esquenta.

Assim, abusando um pouco de termos técnicos, podemos dizer que os microestados (as propriedades das partículas) podem ser representados por macroestados (as medições que fazemos no dia-a-dia). Mas, no caso da temperatura, se tudo o que medimos é a velocidade média das partículas, dois conjuntos distintos de microestados podem resultar num mesmo macroestado.[4] Para trabalhar confortavelmente com os macroestados, usa-se o "espaço de fase".

O espaço de fase

O espaço de fase é uma ferramenta muito útil para a resolução de problemas físicos. Ele simplifica a vida dos estudiosos, pois transforma uma família de soluções similares num único ponto.

Vamos imaginar que estamos jogando um dado sobre a mesa. Precisamos nos preocupar com duas informações distintas: a posição do dado (suas coordenadas x e y sobre a mesa) e sua orientação (que face está voltada para cima, que pode ser descrita por dois números também, os ângulos de Euler). Assim, para caracterizar cada lançamento do dado (posição e orientação), precisaríamos traçar um gráfico quadridimensional. Esse "espaço" que descreve a realidade é conhecido como espaço das configurações.

E se estivéssemos somente interessados no resultado em si, independentemente da posição em que o dado caiu sobre a mesa? Poderíamos reunir famílias de soluções. Todos os lançamentos que deram seis (e com uma certa orientação), por exemplo, seriam reunidos numa família. Assim, por não estarmos preocupados com a posição do dado na mesa, o espaço quadridimensional das configurações vira um espaço de apenas duas dimensões, no qual a única informação pertinente são os ângulos de Euler. Cada plano (x, y) vira um ponto. Este novo espaço mais simples é o espaço de fase.

Nem sempre um espaço de fase precisa ter menos dimensões que o espaço original das configurações. Ainda assim, ele sempre simplifica o problema. Vamos a outro exemplo: um pêndulo simples. Se quisermos traçar o movimento do pêndulo, ao longo do tempo, eis o que iríamos obter:

---

[4] Se tivermos três partículas, cada uma com velocidade de 20 unidades, a média é 20. Se outras três partículas têm respectivamente velocidades 10, 20 e 30 unidades, a média também é 20. Os microestados são distintos, mas como a média é a mesma, o macroestado vai ser igual.

Posição do pêndulo ao longo do tempo – espaço de configuração

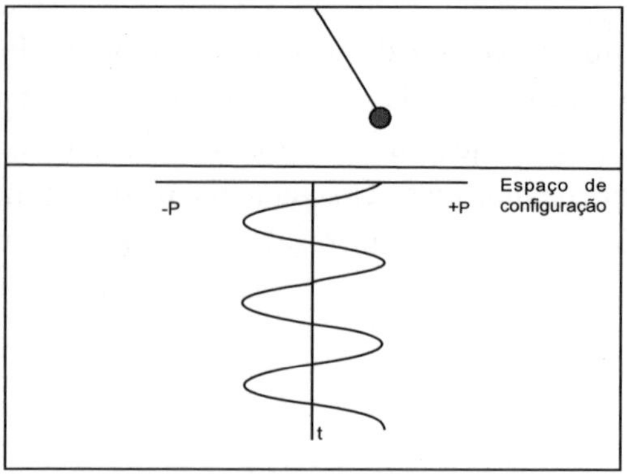

O gráfico reproduz a posição de um pêndulo no tempo. Ele oscila entre os extremos *–p* e *+p*.

No gráfico anterior temos a posição do pêndulo no tempo. Se quiséssemos também saber sua velocidade, teríamos outro gráfico:

Movimento do pêndulo no tempo – espaço de configuração

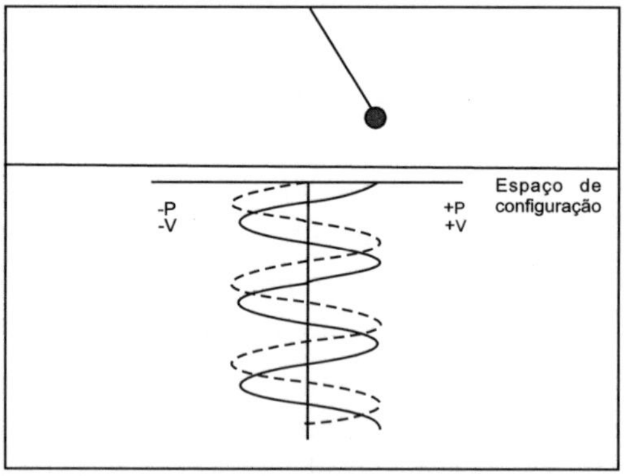

O gráfico reproduz, agora, a posição (linha cheia) e a velocidade (linha tracejada) de um pêndulo ao longo do tempo. Quando o pêndulo tem seu máximo afastamento (positivo ou negativo), a velocidade é zero. Quando o pêndulo está no centro, a velocidade é máxima (ou mínima, depende da direção).

Quando o pêndulo está mais afastado do centro (posição de equilíbrio), sua velocidade é zero (porque está mudando a direção de seu movimento). Quando a posição é zero (central), a velocidade é máxima. Desprezando a perda de velocidade pelo atrito, isso não teria fim. Temos, assim, uma periodicidade, uma repetição. Se cada novo ciclo é idêntico ao anterior, todos os pontos semelhantes dos diferentes ciclos seriam como uma "família", um único ponto do espaço de fase.

Traçando agora um gráfico da posição e da velocidade (sem o tempo, pois esta é justamente a coordenada que nos dá a periodicidade), temos:

Posição e velocidade do pêndulo – espaço de fase

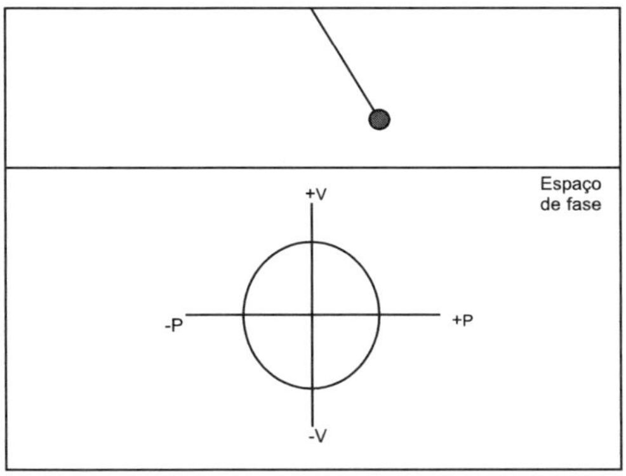

O gráfico reproduz, agora, a posição (linha cheia) e a velocidade (linha tracejada) de um pêndulo amortecido ao longo do tempo. Tanto a posição quanto a velocidade tendem a se anular após um tempo suficientemente longo.

O leitor há de concordar que esse gráfico é muito mais agradável. Quando a velocidade é máxima (em qualquer sentido), a posição é nula (central). Quando o afastamento é máximo, a velocidade é zero.

Se quisermos representar um pêndulo real, que sofre amortecimento pelo atrito, eis como ficaria o gráfico no espaço das configurações:

Pêndulo com atrito – espaço de configuração

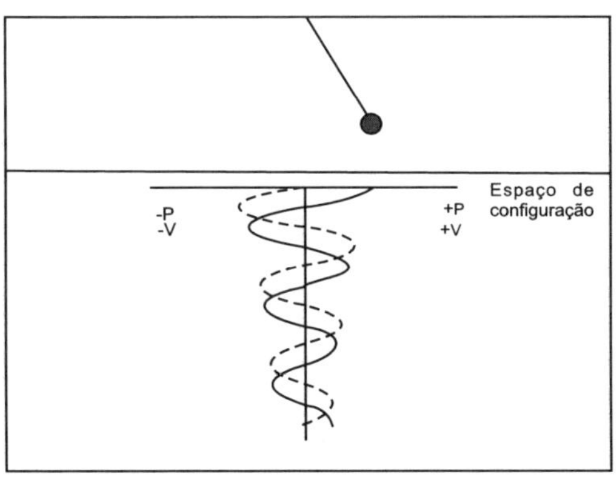

O gráfico reproduz, agora, o espaço de fase de um pêndulo ao longo do tempo. Eliminando a variável temporal, mantemos as mesmas informações de antes, de um modo muito mais simples e econômico.

Tanto a velocidade quanto a posição vão lentamente convergindo para o zero. E no espaço de fase, como ficaria?

Pêndulo com atrito – espaço de fase

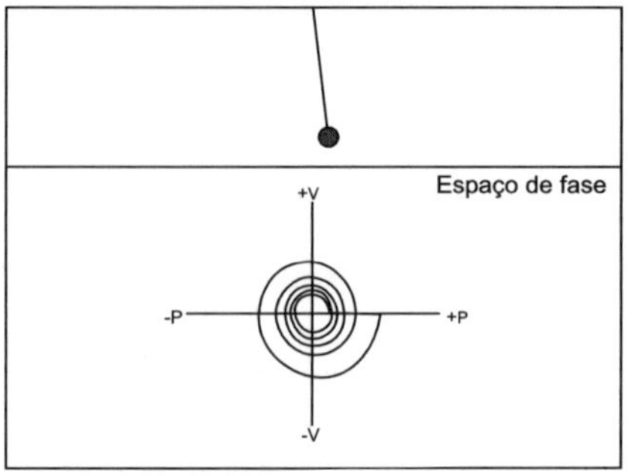

O espaço de fase de um pêndulo amortecido denota a existência de um "atrator": a origem.

O que era um círculo tornou-se agora uma espiral, denunciando o amortecimento, a dissipação de energia. É como se o desenho estivesse sendo "atraído" para um ponto, a origem. No espaço de fase anterior (pêndulo ideal), o "atrator" era o próprio círculo inicial; o gráfico já começava na posição final.

Assim, vimos como podemos traduzir acontecimentos físicos para o espaço de fase. No tratamento estatístico dado aos grupos de partículas, a mecânica estatística que explica a termodinâmica, cada família de configuração, cada *ensemble*, é transportada para um ponto do espaço de fase. As partículas em si deixam de ser importantes. O que interessa é o comportamento coletivo, que se traduz em grandezas macroscópicas.

Atratores estranhos

Alguns gráficos no espaço de fase simplesmente não se fecham, demonstrando uma complexidade crescente à medida que o tempo passa. Nesse caso dizemos que tal espaço de fase possui um "atrator estranho", ou seja, não podemos prever como a curva se comportará após alguns tantos ciclos.

Sistemas em que há atratores estranhos têm "forte dependência nas condições iniciais". A menor alteração torna o resultado final imprevisível. Popularmente o fenômeno é conhecido como caos.

9 | O indivíduo

> Quando o assunto é o átomo, a linguagem só pode ser usada como na poesia. O poeta, também, não está muito preocupado em descrever os fatos, mas sim em criar imagens.
>
> NIELS BOHR

De átomos e moléculas

Um livro extenso pode ser dividido, por razões práticas, em vários volumes, ou em vários tomos. Tomo é palavra de origem grega e significa divisão. Por isso mesmo, quando Leucipo e Demócrito imaginaram uma teoria a respeito das coisas do mundo, quando formularam a existência de algo fundamental que compunha todas as coisas e que era indivisível por definição, chamaram-no *a-tomo,* "sem divisão", que em português escrevemos átomo. Curioso é notar que, se usássemos o latim, a base de nosso idioma, para nomear idéia semelhante, ficaríamos com a palavra "indivíduo", que nos dias de hoje significa algo bem diferente.

O indivíduo do título deste capítulo é ninguém menos do que o átomo. Para confusão geral, o átomo tal como o definimos hoje não é indivisível, sendo composto de partes menores. Assim, em nossa abordagem histórica, vou usar uma notação sugerida por Leon Lederman, em seu livro *The God Particle* (A partícula Deus). Quando estivermos tratando de uma partícula hipotética, indivisível, escreverei a-tomo. Quando estivermos falando do bom e velho átomo, escreverei assim mesmo, "átomo". Espero que isso fique claro ao longo do texto.

Então, ao a-tomo!

Vamos retomar o fluxo dos eventos logo após o trabalho de Daniel Bernoulli, que inaugurou a teoria cinética dos gases (em *Hidrodinâmica,* de 1738). Nessa obra Bernoulli tratava os gases como feitos de esferas girantes. Antes dele outros dois cientistas também haviam sugerido a existência dc "partes mínimas e reais" para a matéria.

Pierre Gassendi (1592-1655) criou até um termo para designar essas partes reais, "molécula", diminutivo da palavra latina que designa matéria (*mole*). Para Gassendi, havia os átomos que se combinavam em pacotes, pequenos grupos, as moléculas. Alguns anos depois foi publicado o livro de Robert Boyle, *O químico cético*, em 1661. Nesse trabalho Boyle apresentava ao mundo seu conceito de "elemento": "certos corpos primitivos e simples, perfeitamente sem mistura, ... são os ingredientes dos quais todos os corpos ... são feitos".

E antes deles, é claro, Demócrito e Leucipo haviam criado o atomismo. Mas todas essas propostas não passavam de conjecturas, belas idéias que careciam do apoio de evidências físicas. O tratamento de Bernoulli era, quando muito, um artifício matemático útil, mas não necessariamente um espelho da realidade. Isso só mudaria com a chegada do século XIX.

As idéias de Gassendi e Boyle foram resgatadas pelo químico inglês John Dalton, que, como todos os químicos de sua época, estudava exaustivamente o comportamento dos gases. Ao perceber que uma queda de temperatura acarretava uma diminuição no volume do gás (uma contração), chegou a calcular que, a uma temperatura de –266°C, um volume qualquer de um gás deveria ser nulo. Antes de Kelvin (mas muito depois de Amontons), Dalton vislumbrou o conceito do zero absoluto.

Seis anos depois, em 1808, Dalton publicou o *Novo sistema de filosofia química*, em que afirmava que os átomos eram reais e que todos os átomos de um elemento eram idênticos. Disse também que eles poderiam se unir, formando um "átomo composto" (a molécula de Gassendi).

A distinção entre átomo e molécula foi formalizada pelo químico italiano Amedeo Avogadro (1776-1856) em 1811. Até então os dois termos eram usados quase como sinônimos (apesar de Gassendi ter criado "molécula" justamente para denominar algo que não fosse o átomo). Quando Avogadro formulou sua famosa hipótese ("sob as mesmas condições de pressão e temperatura, volumes iguais de diferentes gases contêm o mesmo número de moléculas"), ele abria a possibilidade de se compreender que quando estava dizendo molécula poderia na verdade estar dizendo "átomo". Logo, se Avogadro achou importante fazer essa ressalva, para ele o átomo e a molécula eram coisas diferentes.

A distinção definitiva entre o átomo e a molécula foi apresentada no Primeiro Congresso Internacional de Química, em Karlsruhe, Alemanha, em 1860. O químico italiano Stanislao Cannizzarro (1826-1910) deixou claro para seus colegas que a molécula era uma reunião de átomos. Ele era um dos melhores químicos de sua época e, apenas dois anos antes, havia elaborado uma tabela com o peso atômico e molecular de vários gases.[1]

---

[1] Esse trabalho de 1858 está disponível na internet, no endereço: http://dbhs.wvusd.k12.ca.us/ChemHistory/Cannizzaro.html.

6×10^{23}

O leitor desacostumado a grandes números talvez não esteja familiarizado com a notação acima. Ela é chamada de notação científica e é usada para representar números muito grandes (e também números muito pequenos). Esse número aí nada mais é do que o 6 multiplicado por 10^{23}, que é um número gigantesco (o 1 seguido por 23 zeros). Em linguagem clara, diríamos 600 sextilhões!

De acordo com a hipótese de Avogadro, todos os elementos apresentam o mesmo número de átomos para um mesmo volume, mas isso não é válido para a massa. Cada elemento tem uma "massa característica". Assim, se tomarmos uma quantidade de "massa característica" de hidrogênio (1 g) e outra quantidade característica de oxigênio (16g), a quantidade de átomos dessas duas amostras é rigorosamente a mesma.

Então, quantos átomos há em 1 g de hidrogênio, ou em 16g de oxigênio, ou em 14g de nitrogênio? Aproximadamente 600 sextilhões! O valor usado atualmente é $6{,}0221367 \times 10^{23}$, ou, arredondando, $6{,}022 \times 10^{23}$.

Esse número foi batizado de "número de Avogadro" pelo físico francês Jean-Baptiste Perrin (1870-1942), em 1908. Antes disso, desde 1900, a quantidade de matéria representada por esse número de átomos (ou moléculas) fora batizada com o nome de "mol", uma palavra que representa um número. Assim como "uma dúzia" quer dizer 12, "um mol" quer dizer $6{,}0221367 \times 10^{23}$.

A tabela periódica

O geólogo francês Alexandre de Chancourtois (1820-1886) se propôs a fazer algo semelhante à tabela de Cannizzarro, mas com os elementos químicos. Sua idéia não era tão pioneira quanto seu trabalho, pois o químico alemão Johann Dobereiner (1780-1849) já havia tentado uma organização semelhante em 1829.

Dobereiner percebera que o bromo (elemento descoberto em 1826) apresentava certas propriedades químicas que se situavam a meio caminho das características do cloro e do iodo. Intrigado, descobriu outros dois grupos de três elementos que apresentavam propriedades parecidas (não idênticas, mas análogas): cálcio, estrôncio, bário e enxofre, selênio, telúrio. O químico alemão chamou esses grupos de "tríades". Mas, àquela época, conheciam-se 53 elementos diferentes, e apenas nove (aproximadamente um sexto do total) se agrupavam em tríades. As idéias de Dobereiner foram tratadas como mera curiosidade pela comunidade científica da época, ainda despreparada para perceber que poderia haver alguma relação entre pesos atômicos e propriedades físicas.

O modelo de Chancourtois, apresentado em 1862, era muito mais elaborado do que o de Dobereiner. Foi batizado de "hélice telúrica" por seu autor, e consistia numa longa tira na qual se inscreviam os elementos químicos; enrolada ao redor de um cilindro, ela formava uma hélice. Cada volta da hélice ao redor do cilindro abrigava 16 divisões, de tal maneira que um elemento cujo peso atômico fosse 16 unidades maior do que outro se encontrava logo acima deste na tabela.

Em 1865 uma nova tabela dos elementos foi apresentada ao mundo por John Alexander Newlands (1837-1898), um químico inglês. Os elementos já eram 63 nessa época, e Newlands percebeu que poderia arranjá-los numa tabela de oito colunas e sete linhas (algumas células eram ocupadas por dois elementos), em que uma linha continha todos os elementos com propriedades parecidas.[2] Newlands batizou sua descoberta, por razões óbvias, de "lei das oitavas".

Apenas quatro anos depois de Newlands, o químico russo Dmitri Mendeleiev (1834-1907), ao preparar o livro *Princípios de química*, acabou construindo uma tabela que organizava os elementos. O volume só veio à luz em 1871, mas, percebendo a importância do que havia feito, Mendeleiev apressou-se em publicar seus resultados, que saíram em 1869. Se os trabalhos de Dobereiner, Chancourtois e Newlands apenas sugeriam uma periodicidade, o de Mendeleiev era explícito. Ele conseguira organizar todos os elementos conhecidos (diferentemente de Newlands, cuja tabela admitia dois elementos numa mesma posição) e batizou sua descoberta de "tabela periódica".

Mendeleiev confiava tanto em sua tabela — e na conseqüente capacidade de fazer previsões a respeito das propriedades dos elementos —, que disse que devia estar errado o peso atômico de dois elementos conhecidos à época (ouro e telúrio). Mendeleiev estava certo. Ao perceber três "espaços" vagos na tabela, o químico russo previu a existência de três elementos, chegando a enumerar algumas de suas propriedades físicas. Chamou-os de "eka-alumínio", "eka-boro" e "eka-silício". Para satisfação de Mendeleiev, esses três elementos foram descobertos alguns anos depois (respectivamente, o gálio em 1875, o escândio em 1879 e o germânio e 1885).[3]

---

[2] Se fôssemos transformar a tabela de Newlands numa tabela periódica moderna, teríamos que colocá-la de lado, ou seja, sete colunas e oito linhas, com os elementos de propriedade semelhante se agrupando em cada coluna, e não em cada linha. Os trabalhos de Newlands também estão disponíveis na rede em http://web.lemoyne.edu/faculty/giunta/newlands.html.

[3] Existe uma reprodução do rascunho que Mendeleiev fez ao elaborar sua tabela periódica em http://www.chemheritage.org/EducationalServices/chemach/ppt/mm.html.

A tabela periódica de Mendeleiev

ОПЫТЪ СИСТЕМЫ ЭЛЕМЕНТОВЪ.

ОСНОВАННОЙ НА ИХЪ АТОМНОМЪ ВѢСѢ И ХИМИЧЕСКОМЪ СХОДСТВѢ.

			Ti=50	Zr=90	?=180.
			V=51	Nb=94	Ta=182.
			Cr=52	Mo=96	W=186.
			Mn=55	Rh=104,4	Pt=197,4.
			Fe=56	Rn=104,4	Ir=198.
			Ni=Co=59	Pl=106,6	Os=199.
H=1			Cu=63,4	Ag=108	Hg=200.
	Be=9,4	Mg=24	Zn=65,2	Cd=112	
	B=11	Al=27,4	?=68	Ur=116	Au=197?
	C=12	Si=28	?=70	Sn=118	
	N=14	P=31	As=75	Sb=122	Bi=210?
	O=16	S=32	Se=79,4	Te=128?	
	F=19	Cl=35,5	Br=80	I=127	
Li=7	Na=23	K=39	Rb=85,4	Cs=133	Tl=204.
		Ca=40	Sr=87,6	Ba=137	Pb=207.
		?=45	Ce=92		
		?Er=56	La=94		
		?Yt=60	Di=95		
		?In=75,6	Th=118?		

Д. Менделѣевъ

A tabela periódica original de Mendeleiev.

A tabela periódica foi descoberta quase simultaneamente por outro químico, o alemão Julius Lothar Meyer (1830-1895). Ironicamente ele também percebeu que os elementos poderiam ser organizados numa tabela, de acordo com seus pesos atômicos, ao escrever um livro, *A moderna teoria química*, de 1864. Mas, ao contrário de Mendeleiev, Meyer só publicou a tabela propriamente dita alguns anos depois, em 1870. Jamais contestou a prioridade do russo e confessou não ter tido a coragem do colega para prever a existência de novos elementos.

Novos elementos: da alquimia à espectroscopia

A origem da palavra "alquimia" é um pouco confusa. A maioria das fontes se divide entre duas correntes, ambas concordando que o prefixo "al" é indubitavelmente de origem árabe. Para alguns, o "quimia" vem de *khem*, a palavra que os egípcios usavam para designar seu próprio país (a tradução literal seria "terra negra"). Alquimia poderia ser entendida como "do Egito", ou "a arte do Egito", ou ainda "a ciência do Egito", e os egípcios eram hábeis manipuladores de ligas metálicas. Outra corrente, no entanto, acredita que o "quimia" deriva da palavra *khimeia*, que quer dizer "fusão" em grego (e podemos aqui lembrar da terrível quimera, com cabeça de leão, corpo de cabra e cauda de dragão). Não sou lingüista nem filólogo para ter uma opinião abalizada sobre o assunto, mas aproveito também para apresentar um sinônimo pouco conhecido: espagíria, do grego "arrancar" e "reunir".

A alquimia começou como a arte ou a ciência de fundir elementos. A Idade do Bronze que sucedeu a Idade da Pedra nasceu com a alquimia, pois o bronze é uma liga de dois metais, o cobre e o estanho. Além desses dois elementos, o homem já conhecia desde a Antigüidade o ouro, a prata, o ferro, o chumbo, o mercúrio e o enxofre.

A "arte do Egito" foi incorporada pelos árabes, que a levaram para a Europa na época da invasão moura. Numa Europa em formação, onde o ouro começava a ter valor econômico, a busca egípcia pela transmutação da vida mundana em vida celestial (cobre em ouro) passou a ter um novo significado, e surgiu a lenda da "pedra filosofal", que poderia transformar qualquer elemento em ouro. Descobrir a pedra filosofal passou a ser o grande desafio dos alquimistas.

Nessa busca, os alquimistas tornaram-se especialistas em misturar substâncias simples e em depurar substâncias compostas. Trabalhavam com sais, minerais, ácidos e bases, sempre tentando achar o elemento universal transmutador. Nesse processo descobriram ainda novos elementos: o zinco, o fósforo, o arsênio, o antimônio e o bismuto.

No início do século XVI a alquimia começou a mudar. Graças ao trabalho do médico alemão Teophrastus von Hoheneim (1493-1541), que se autodenominava Paracelso, os alquimistas passaram a criar misturas que seriam usadas para a cura dos doentes, os remédios. Os seguidores de Paracelso se auto-intitulavam iatroquimistas ou iatroquímicos, incorporando o prefixo "iatro", que quer dizer médico, em grego. Sem abandonar essa nova abordagem científica, logo os iatroquímicos estavam se dedicando novamente às substâncias puras e às misturas. Esses foram os primeiros químicos, e graças a eles outros elementos foram descobertos.

O método utilizado pelos químicos para descobrir um novo elemento, porém, resumia-se a isolá-lo. Assim, era necessário que o composto inicial contivesse uma quantidade considerável do elemento desconhecido. Esse composto seria queimado, moído, corroído, até que, ao final de vários e distintos processos, o químico obtivesse um elemento desconhecido, que era então batizado e registrado. Isso não era algo fácil de ser feito...

Em 1814, um ótico alemão, Josef von Fraunhofer (1787-1826), ao testar seus prismas, observou que a luz do Sol apresentava algumas raias escuras, depois de espalhada pelo vidro. Como no "experimento crucial" de Newton, Fraunhofer refratou a luz solar com um prisma, obtendo o típico padrão de arco-íris; além disso, observou certas linhas escuras, conhecidas até hoje como "linhas de Fraunhofer".[4]

Um espectro histórico

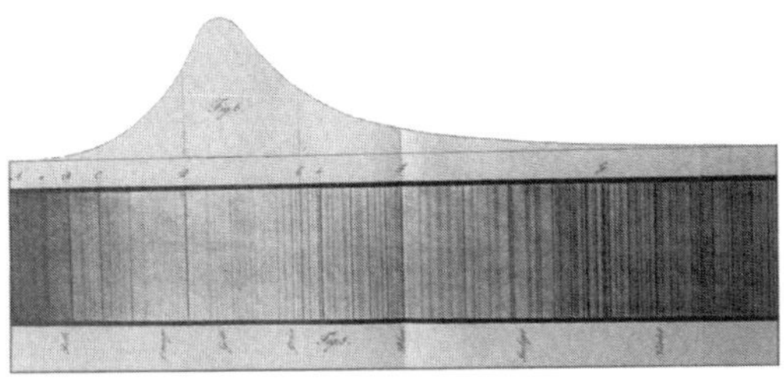

Espectro original obtido por Fraunhofer.

As linhas de Fraunhofer ganharam o devido destaque com o trabalho de Robert Bunsen (1811-1899) e Gustav Kirchhoff (1824-1887). O primeiro é famoso entre os estudantes de química por ter inventado um queimador a gás batizado como "bico de Bunsen" (embora Faraday já usasse um queimador parecido alguns anos antes). Kirchhoff é considerado o pai da espectroscopia.

Bunsen era professor de química na Universidade de Heidelberg, na Alemanha, quando aceitou trabalhar com um novo assistente, Kirchhoff, que viera da Rússia. Inventaram juntos o espectroscópio, um aparelho que fazia as vezes do prisma original de Newton, só que com maior eficácia. Juntos também passaram a analisar o espectro de diferentes materiais. As experiências consistiam em queimar os gases diversos num bico de Bunsen e observar as chamas com o espectroscópio. A luz refratada — o espectro — apresentava linhas escuras, como as de Fraunhofer. Mas cada gás tinha um padrão diferente de linhas.

[4] Elas já haviam sido observadas em 1802 por Wiliam Wollaston (1766-1828), químico inglês colega de Thomas Young. Nem Wollaston nem Fraunhofer, contudo, deram interpretação física alguma a respeito do fenômeno.

Bunsen e Kirchhoff afirmaram em 1860 que essas linhas podiam ser atribuídas a características intrínsecas dos materiais em questão, que cada gás produzia um único padrão que não se repetia. As linhas, portanto, poderiam ser usadas para identificar a composição das substâncias.[5]

Há uma história apócrifa (e maravilhosa) segundo a qual Bunsen e Kirchhoff estavam no telhado de uma estalagem de Heidelberg, assistindo a um incêndio na vizinha cidade de Mannheim, e Kirchhoff teria dito a seu professor: "Se tivéssemos aqui nosso espectroscópio, saberíamos do que Mannheim é feita." Verdade ou não, os dois foram os primeiros a perceber que um estudo do espectro permitia conhecer a composição das coisas.

As linhas espectrais observadas por Fraunhofer e Wollaston, após uma comparação com as linhas obtidas em laboratório por Bunsen e Kirchhoff, mostravam que o Sol era feito dos mesmos materiais que as coisas terrestres. Ainda em 1860, o astrônomo inglês William Huggins (1824-1910) foi o primeiro a obter o espectro das estrelas distantes, inaugurando a astrofísica.

Em 1868, o astrônomo francês Pierre Janssen (1824-1907) encontrou linhas desconhecidas no espectro solar. Preocupado, enviou seus resultados ao astrônomo inglês Norman Lockyer (1836-1920), que alguns anos depois iria fundar a revista *Nature*. Lockyer percebeu que as observações de Janssen estavam corretas e indicavam a presença de um elemento desconhecido no Sol. Ele batizou esse elemento de hélio.

O espectroscópio deu um impulso na descoberta de novos elementos. O césio e o rubídio, por exemplo, foram descobertos por Bunsen e Kirchhoff, por meio de observações espectroscópicas.

De volta à tabela periódica: os gases nobres

John Strutt, lorde Rayleigh (1842-1919) percebeu em 1892 que a densidade do nitrogênio obtido da atmosfera era diferente da densidade do nitrogênio obtido de outros compostos químicos. Esse resultado atraiu a atenção do químico inglês William Ramsay (1852-1916).

Ramsay postulou que o nitrogênio atmosférico apenas parecia mais pesado, e isso acontecia porque não estava em seu estado puro, mas sim misturado com um outro gás desconhecido. Passou então a retirar todo o oxigênio e o nitrogê-

[5] O artigo original de Bunsen e Kirchhoff está disponível na internet, em http://dbhs.wvusd.k12.ca.us/Chem-History/Kirchhoff-Bunsen-1860.html.

nio de amostras de ar, percebendo que, em vez do vácuo, o resultado era uma tênue bola de gás. Um colega seu, William Crookes (1832-1919), confirmou com medidas espectroscópicas que esse gás era realmente um novo elemento.[6] Em 1898, Rayleigh e Ramsay anunciaram ao mundo a descoberta de um novo elemento: o argônio (do grego, "inerte").

Ramsay começou a pesquisar diferentes compostos, à procura de mais argônio. Ao examinar o gás emanado pela queima de um mineral rico em urânio, o que foi corroborado pelo espectroscópio de Crookes, ele encontrou o hélio. Até então só se sabia da existência desse gás no Sol.

O hélio e o argônio apresentavam características muito semelhantes, em especial a não-reatividade (por isso mesmo Ramsay havia batizado o novo gás de "inerte"). Tanto um quanto outro se recusavam a formar gases compostos (eles podem se misturar com outros gases, como acontece com o argônio atmosférico, mas seus átomos não se unem a átomos diferentes, dando origem a outras moléculas). Isso os colocaria numa mesma coluna da tabela periódica de Mendeleiev, uma coluna até então inexistente.

Postulando a existência de novos elementos pertencentes àquela nova coluna, Ramsay (e sua equipe) passou a "caçá-los". No mesmo ano que anunciou a descoberta do argônio ele descobriu o neônio (do grego, "novo"), o kriptônio (do grego, "escondido") e o xenônio (do grego, "estranho"). Todos esses gases existem em quantidades muito pequenas na atmosfera, e por suas características não-reagentes foram coletivamente batizados de "gases inertes" ou "gases nobres".

Em 1904 o próprio Ramsay descobriu ainda outro gás inerte, que denominou "nitônio" (do latim, "brilhante"). Esse elemento chama-se radônio desde 1923, por ser o único gás inerte radioativo. Bem mais tarde, em 1962, o químico norte-americano Neil Bartlett (1932) mostrou que os gases nobres não eram tão "nobres" assim (ou seja, não eram totalmente inertes). Ele conseguiu criar no laboratório uma substância composta que continha um gás inerte (o xenônio) em sua composição: o xenohexafluoroplatinato ($XnPtF_6$).

A tabela periódica tornou-se uma importante ferramenta da química, agrupando todos os elementos existentes, do hidrogênio (^{1}H) ao meitnério (^{109}Mt).[7] Os elementos mais pesados que o urânio (^{92}U) não são encontrados na natureza, mas podem ser fabricados em laboratório. À medida que a tecnologia vai se

[6] Falaremos mais de Crookes ao longo deste capítulo. Por ora, basta saber que ele era uma autoridade no uso do espectroscópio, tendo descoberto o elemento tálio (do grego, "ramo verde", por causa da linha espectral verde que produzia) em 1861.

[7] Há outros elementos mais pesados do que o meitnério, mas ainda não foram batizados. O meitnério é uma homenagem à física sueca Lise Meitner (1878-1968).

aprimorando, elementos cada vez mais pesados são construídos, todos eles bastante instáveis e com vida curta.[8]

Hoje sabemos que o átomo não é um a-tomo, e fica fácil entender como isso é possível. Os átomos são feitos de partes menores, sobretudo de elétrons, prótons e nêutrons. O hidrogênio tem um único próton (e nenhum nêutron) e também um único elétron. O urânio tem 92 prótons (e também elétrons), podendo ter um número variado de nêutrons (de 126 a 150).

O leitor atento deve ter percebido que o pequeno número que acompanha o símbolo de um elemento químico equivale ao seu número de prótons (e de elétrons). Isso é conhecido como número atômico. Se somarmos o número atômico ao número de nêutrons que o átomo em questão tem, iremos obter o número de massa. A diferença entre dois átomos distintos de um mesmo elemento só pode estar na quantidade de nêutrons (e se um tem mais nêutrons do que o outro, conseqüentemente terá mais massa). Átomos de um único elemento (mesmo número atômico) com diferentes quantidades de nêutrons (números de massa diferentes) são chamados isótopos. O urânio tem 25 isótopos diferentes, contudo apenas três (U-234, U-235 e U-238 — o mais comum) ocorrem naturalmente.[9]

Mas tudo isso que se falou nos três últimos parágrafos era completamente desconhecido dos químicos e dos físicos da época. Vamos agora nos concentrar na sinuosa estrada que nos levou a todos rumo à física das partículas elementares.

Da química à física

A primeira partícula a ser descoberta foi o elétron, em 1897. Seu descobridor foi Joseph John Thomson (1856-1940), o substituto de Rayleigh (que havia sucedido Maxwell) como catedrático de física experimental na Universidade de Cambridge. Como é costume na Inglaterra, a cátedra recebe um nome famoso, ou de seu benfeitor ou de seu pioneiro, e essa cátedra chamava-se Cavendish. Estudando os raios catódicos, J.J. Thomson fez sua grande descoberta.

Os raios catódicos existem em quase todas as casas brasileiras, nos tubos de televisão. Crookes, como já vimos, era um expert no manuseio do espectroscópio,

[8] A notação usada para representar os elementos químicos foi introduzida em 1814, muito antes da existência da tabela periódica, pelo químico sueco Jöns Berzelius (1779-1848). O símbolo de um elemento químico é a primeira (ou as primeiras) letra de seu nome em grego ou latim. Obviamente essa lei teve que ser "manipulada" com a descoberta de novos elementos. Quando Berzelius a criou, existiam cerca de 40 elementos.

[9] Nessa notação, "234", "235" e "238" são os respectivos números de massa desses três isótopos do urânio, cujo número atômico sempre será 92.

tendo descoberto o tálio e auxiliado Ramsay na identificação do hélio terrestre. Suas investigações sobre as propriedades do tálio levaram-no ao estudo de gases a baixíssimas pressões, e esse trabalho culminou com a invenção do radiômetro.

O radiômetro de Crookes é um "brinquedo" físico bastante utilizado até os dias de hoje. Consiste num recipiente fechado em que a maioria dos gases foi evacuada (não chega a ser um vácuo, mas é algo bem próximo disso). Nesse recipiente há uma espécie de "cata-vento", uma hélice horizontal cujas pás têm um lado escuro e um lado claro. Quando o radiômetro é colocado na luz (ou próximo de uma fonte de calor), as pás começam a girar.[10]

Radiômetro

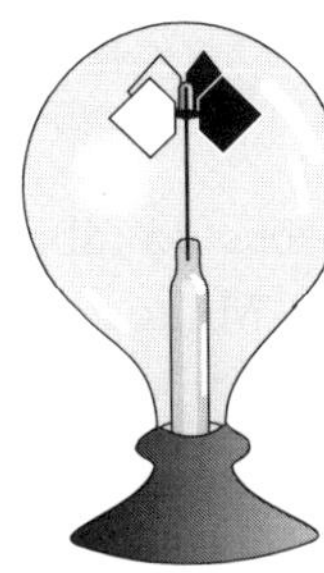

A maioria dos radiômetros tem o formato de uma lâmpada, mas isso não é essencial. As pás giram pelo choque das moléculas do gás rarefeito que está em seu interior.

Cada vez mais interessado na física de baixas pressões, Crookes voltou-se para os fenômenos elétricos. Em 1855 o inventor alemão Heinrich Geissler (1814-1879) havia desenvolvido uma nova bomba de vácuo, construindo os "tubos de Geissler". Vinte anos depois Crookes melhorou a técnica de Geissler e passou a produzir os "tubos de Crookes". Adaptando um circuito elétrico ao tubo de vácuo, Crookes percebeu que algo estava se produzindo em seu interior. Esse algo foi batizado de "raios catódicos" pelo físico alemão Eugen Goldstein (1850-1931), porque ele mostrou que a emissão era proveniente do cátodo (um circuito "aberto" possui duas extremidades: o cátodo e o ânodo).

---

[10] Muitos irão dizer que o radiômetro gira pela pressão de radiação da luz (como se as ondas luminosas, ao baterem nas pás, empurrassem-nas para a frente). Isso está errado. O movimento do radiômetro foi explicado por Einstein, num artigo de 1924. Ele se deve ao choque das moléculas do gás rarefeito contra as pás (e não ao choque das ondas de luz). O trabalho de Einstein complementava uma investigação anterior, de Martin Knudsen (1871-1949).

Tubo de Crookes

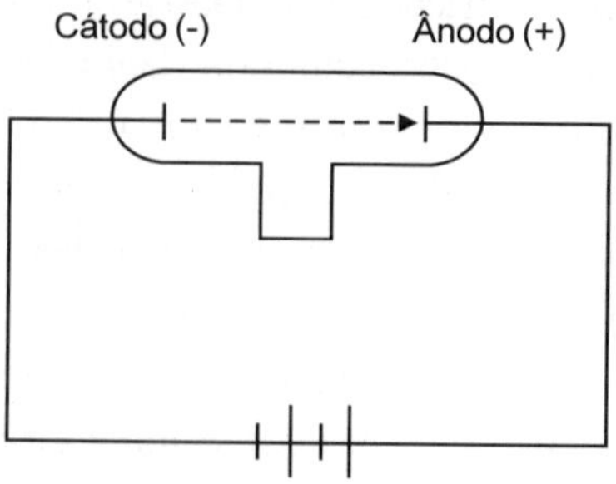

Nesse esquema simplificado de um tubo de Crookes vemos um circuito interrompido, protegido por um tubo de vácuo. Apesar de não haver contato, há transmissão de elétrons entre o cátodo e o ânodo. Esses elétrons foram chamados de raios catódicos.

Ainda que as estranhas emanações do tubo de Crookes tivessem um nome, pouco se sabia sobre a sua natureza. Muitos — entre eles Hertz — acreditavam que os raios catódicos eram mais um tipo de radiação eletromagnética (e portanto ondas). Outros, como Helmholtz, acreditavam que os raios catódicos eram compostos por partículas eletricamente carregadas.

Em 1874 (antes dos resultados de Crookes, portanto) George Stoney (1826-1911) já havia feito um cálculo (usando a constante de Faraday e o número de Avogadro) que indicava o valor de uma carga elétrica unitária. Na mesma época Stoney propôs o nome "eletrino" para sua partícula elétrica. Em 1891, apresentando seu trabalho à Royal Society de Dublin, Stoney chamou essas cargas de "elétrons", nome que usamos até hoje.

Quando J.J. Thomson começou seus estudos sobre os raios catódicos, era grande a polêmica sobre a sua natureza. Primeiro Thomson mediu a velocidade de propagação dos raios, mostrando que ela era bem menor do que a velocidade da luz. Assim, os raios catódicos certamente não eram ondas eletromagnéticas. Em seguida Thomson estudou a influência de campos elétricos e magnéticos sobre os raios catódicos. Fazendo medidas precisas da deflexão dos raios, conseguiu um resultado importante: a razão da carga elétrica (e) pela massa (m). E mais ainda: demonstrou que a razão e/m era constante, não importando que gás rarefeito preenchesse o tubo ou de que metal fosse feito o cátodo.

Thomson mostrou também que as partículas que compunham os raios catódicos tinham cerca de um milésimo da massa de um átomo de hidrogênio, o átomo mais simples que conhecemos. Assim, o átomo não era um a-tomo. Existia pelo menos uma partícula (a que compunha os raios catódicos) menor do que o menor átomo conhecido. Em 1897, Thomson anunciou sua descoberta, afirmando que os "corpúsculos" (nome usado por ele) eram os blocos formadores dos átomos. Foi de George Fitzgerald a sugestão de que esses corpúsculos eram os elétrons de Stoney.

Thomson tinha consciência de que seus "corpúsculos" tinham todos carga elétrica negativa e que, comparados aos átomos, possuíam massa muito, muito pequena. Os dois problemas imediatos eram: como explicar a massa de um átomo, se a massa de um corpúsculo era apenas de um milésimo da massa do átomo mais simples, o hidrogênio? E como explicar um átomo neutro, se o único tipo de corpúsculo conhecido era eletricamente carregado?

Ao anunciar a descoberta do elétron, Thomson declarou que "o átomo químico é feito de um conjunto de átomos primordiais". "Átomo químico" é o átomo. "Átomos primordiais" são os a-tomos. Thomson chegou a cogitar a existência de corpúsculos de carga positiva, que chamou de "prótons" (do grego, "primeiro"), mas em 1904 já havia abandonado esse conceito, apresentando ao mundo seu modelo de átomo: uma esfera compacta e positiva, salpicada de corpúsculos negativos.

O modelo de Thomson costuma ser chamado de "pudim de passas", algo que deve fazer sentido para o público inglês, acostumado a comer esse tipo de doce. Eu prefiro "modelo do panetone": a parte positiva do átomo funciona como a massa do panetone, e os corpúsculos são as frutas cristalizadas.

Modelo de Thomson

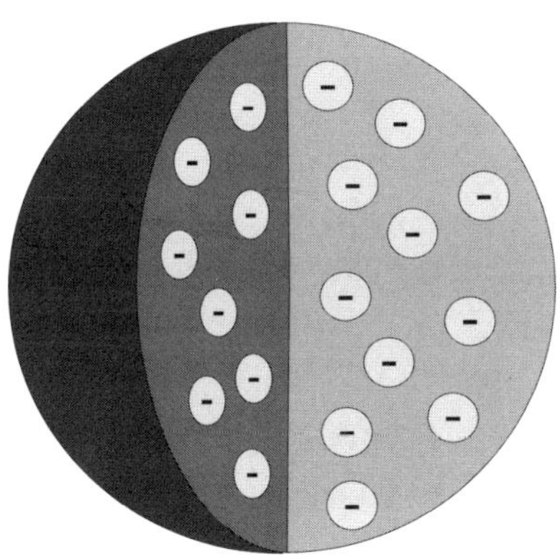

O modelo atômico de Thomson consiste de uma esfera sólida e positiva, salpicada por cargas negativas em seu interior.

Em 1908 Robert Millikan (1868-1953) iniciou uma série de experimentos que o levaria a ganhar o prêmio Nobel de Física de 1923. Medindo cuidadosamente a queda controlada de gotas de óleo num ambiente ionizado, ele conseguiu medir o valor da carga elétrica de um único elétron!

A radioatividade

Nem só de raios catódicos é feita a fama dos tubos de Crookes... Em 1895, o físico alemão Wilhelm Röntgen (1845-1923) estava investigando a tênue luminosidade produzida no interior de um tubo de Crookes. Para melhor perceber o fenômeno, trabalhava no laboratório às escuras e envolvia a maior parte da superfície do tubo com uma cobertura preta. Em 8 de novembro, para seu espanto, uma folha de papel revestida com platinocianeto de bário — $BaPt(CN)_4$, um composto usado na revelação fotográfica — que estava a cerca de um metro do tubo começou a brilhar. Ele mesmo já havia demonstrado que os raios catódicos no ar não percorriam mais do que uns poucos centímetros. O brilho de sua amostra, portanto, era causado por algo proveniente do tubo de Crookes, mas não dos raios catódicos. Por desconhecer a natureza dessa radiação, Röntgen chamou-a "raios X", nome que usamos até hoje. Essa descoberta valeu a ele o primeiro prêmio Nobel de Física, em 1901.

A primeira radiografia

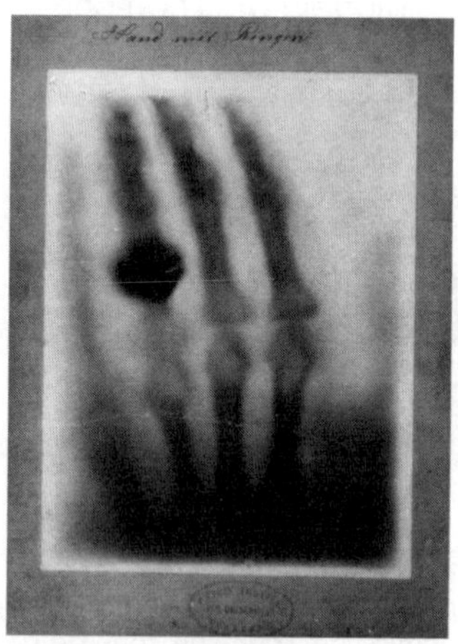

A primeira radiografia que se tirou no mundo foi da mão da esposa de Röntgen, Anna-Bertha.

Röntgen demonstrou várias propriedades dos misteriosos raios X. O que o deixava mais admirado era a transparência que a maioria dos corpos apresentava em relação a eles. Os raios X simplesmente ignoravam a maioria dos obstáculos, e, usado em conjunto com placas fotográficas, podiam fotografar as entranhas das pessoas.

A natureza definitiva dos raios X, um tipo de radiação eletromagnética, foi demonstrada com as experiências de difração de Max von Laue (1879-1960), em 1912, pelas quais ele ganhou o prêmio Nobel de Física em 1914.

Os experimentos com raios X tornaram-se uma febre. No ano seguinte à descoberta de Röntgen, o físico francês Antoine Becquerel (1852-1908) deu outro passo significativo na história da física: a descoberta da radioatividade. Ele estava estudando a fluorescência (brilho) de certos sais na presença de raios ultravioletas e, após ter contato com o trabalho de Röntgen, pensou que talvez os raios X pudessem explicar o fenômeno. Becquerel cobriu algumas amostras de um cristal — o sulfato de urânio-potássio, $K_2UO_2(SO_4)_2$ — com papel preto, deixando-as ao Sol, próximas de uma placa fotográfica. Segundo sua lógica, a radiação ultravioleta do Sol produziria a fluorescência (algo que ele sabia que aconteceria), que seria barrada pelo papel. Mas, se a luminescência fosse composta também por raios X, ainda assim atingiria o filme fotográfico.

O experimento funcionou, levando Becquerel a concluir que os raios X estavam presentes no fenômeno da fluorescência. Ele teria persistido com sua conclusão errada se não fosse o acaso. ("O acaso favorece a mente preparada", este é um dos ditados mais certos no ramo da física experimental.) Algumas de suas amostras jamais chegaram a ver a luz do sol, tendo ficado guardadas numa gaveta, próximas também a outras placas fotográficas. Ao revelar essas placas, Becquerel constatou que elas também haviam sido expostas aos raios X. Amostras que nunca chegaram a fluorescer emitiam os mesmos raios X que as amostras fluorescentes. Após investigações detalhadas, Becquerel concluiu que a misteriosa radiação vinha, não de uma reação aos raios ultravioleta do Sol, mas dos próprios cristais de sal, em particular do urânio.

Em 1899, Becquerel revelou — ao medir a interação entre as misteriosas emanações do urânio e um campo magnético — que a radioatividade natural consistia numa emissão de ondas eletromagnéticas, e também numa emissão de partículas eletricamente carregadas.

Antes disso, porém, sua descoberta original despertou o interesse de uma moça polonesa que acabara de se casar com um famoso físico francês. O físico era Pierre Curie (1859-1906), e sua esposa, Marie Curie (1867-1934). Madame Curie tinha se empregado como assistente de Pierre, e os dois casaram-se logo depois. Pierre Curie, ao contrário da norma da época, deu total apoio para que a esposa continuasse suas pesquisas, e em 1896 ela começou a estudar a recém-descoberta radioatividade.

Madame Curie inicialmente trabalhava com amostras de urânio, mas logo ampliou seus horizontes, ao descobrir que outro elemento, o tório, também era radioativo. Em seguida formulou a hipótese de que a radioatividade era algo inerente a determinados elementos e não dependia de reação externa. Qualquer minério que contivesse urânio seria radioativo; e quanto mais urânio, maior a radioatividade. Para sua surpresa, examinando amostras de dois minérios distintos (a pitchblenda e a chalcolita) que continham urânio, percebeu que eles eram mais radioativos que o próprio urânio.

Madame Curie acertou em sua conclusão: havia naqueles minérios outros elementos desconhecidos, também radioativos. Ao final de 1898 ela já tinha demonstrado a existência do rádio e do polônio. Em 1903 os Curie (juntamente com Becquerel) ganharam o prêmio Nobel de Física. Em 1906, com a morte de Pierre, Madame Curie assumiu sua cátedra na Sorbonne, sendo a primeira professora em 650 anos de história daquela instituição. Finalmente em 1911 ela conseguiu isolar o elemento rádio (há cerca de 1g de rádio em sete toneladas de pitchblenda). No mesmo ano ganhou o Nobel de Química, sendo a primeira pesquisadora a receber dois prêmios Nobel. Madame Curie morreu em 1934 de uma anemia certamente causada pela radiação a que se expôs ao longo da vida.

O núcleo atômico

De acordo com os trabalhos de Becquerel e dos Curie, a radioatividade natural existia em dois aspectos distintos. Um interagia com campos magnéticos (e portanto eram formados por partículas carregadas), e o outro não (tratava-se de ondas eletromagnéticas). Em 1899 o físico neozelandês Ernest Rutherford (1871-1937), trabalhando no Canadá, demonstrou que a parcela composta por partículas também se dividia em dois tipos distintos, que chamou de "raios alfa" e "raios beta". À parte composta por radiação eletromagnética, Rutherford chamou de "raios gama". Ele mostrou que os raios beta eram idênticos aos raios catódicos, ou seja, elétrons; os raios gama eram ondas eletromagnéticas altamente energéticas; e os raios alfa eram feixes de partículas idênticas ao átomo de hélio sem os dois elétrons.

Auxiliado por Frederick Soddy (1877-1956), Rutherford demonstrou que alguns elementos poderiam se transformar em outros, após a liberação de raios alfa, beta e gama. Soddy continuou por esse caminho e em 1913 chegou ao conceito de "isótopo", do qual já falamos.

Já na Inglaterra, em Manchester, Rutherford continuou suas experiências a respeito desses feixes de partículas. Com Hans Geiger (1882-1945), inventou um dispositivo que denunciava a presença delas (o contador Geiger). Dois anos depois, em 1910, Rutherford deparou-se com "o evento mais incrível" de sua vida. Geiger e Ernest Marsden (1889-1970), seguindo uma sugestão sua, começaram a estudar o espalhamento de partículas alfa. A experiência consistia em direcionar um feixe dessas partículas para uma tela recoberta com sulfeto de zinco (ZnS), substância que emite uma tênue luz ao ser atingida por partículas energéticas. Geiger e Marsden notaram que grande parte das partículas alfa passava através da tela, sofrendo pouca ou nenhuma deflexão. Era quase como se houvessem passado pelo espaço vazio... Mas cerca de uma em cada oito mil partículas sofria uma violenta mudança de direção, como se houvesse colidido de frente com um objeto irremovível. Aquele foi o "incrível evento" observado por Rutherford. Em suas palavras, "era como se atirássemos uma bala de canhão contra um lenço de papel e ela ricocheteasse contra o alvo". No ano seguinte ele postulou que a maior parte do átomo era composta por "espaço vazio", e que praticamente toda a sua massa se concentrava numa parte muito menor (que chamou de núcleo). Isso jogava por terra o modelo atômico de J.J. Thomson.

Rutherford assumiu a cátedra Cavendish em Cambridge, em 1919. Continuando com os experimentos de "bombardeio" e examinando o resultado do choque de partículas alfa com diferentes átomos, percebeu que alguns núcleos atômicos tinham pedaços arrancados pelo choque. Rutherford então postulou que os núcleos atômicos eram feitos de partículas ainda menores, os hipotéticos "prótons" de seu antecessor J.J. Thomson. Ele ainda reconheceu que o núcleo do hidrogênio era o mais simples de todos, sendo composto por um único próton. Defendeu também a existência de partículas nucleares desprovidas de carga elétrica, que batizou de "nêutrons", de fato descobertos muito tempo depois, em 1932, por James Chadwick (1891-1974).

Por toda a sua contribuição, mas sobretudo pela descoberta do núcleo atômico, Rutherford é reconhecido como o pai da física nuclear. Ele foi agraciado com o prêmio Nobel de Química de 1908, uma "ironia" comentada no capítulo 1.

Modelando o átomo

O trabalho de Rutherford repercutiu bastante na comunidade científica. Segundo ele, o átomo era quase todo vazio, possuindo um núcleo bastante denso. Isso já havia sido teorizado por Hantaro Nagaoka (1865-1950) em 1904. Opondo-se ao "panetone" de Thomson, ele afirmava que partículas de carga oposta não poderiam se interpenetrar. Seu modelo consistia num centro positivo cercado por corpúsculos negativos. Como Einstein ainda não havia introduzido a quantização da energia (de Planck) nas interações com a matéria, Nagaoka não levou isso em conta, e por isso seu modelo atômico era instável.

Após o resultado empírico obtido por Rutherford, tudo indicava que um modelo atômico semelhante ao de Nagaoka era a melhor solução. Quem o construiu foi o físico dinamarquês Niels Bohr (1885-1962), embora o próprio Rutherford já houvesse formulado um modelo conhecido como "modelo planetário", com os elétrons "orbitando" o núcleo atômico. Mas, como qualquer partícula eletricamente carregada, ao mudar de direção, irradia uma certa energia, um elétron "em órbita" está constantemente alterando sua direção, e conseqüentemente, no modelo de Rutherford, o elétron estava constantemente perdendo energia. Como o de Nagaoka, esse modelo era instável.

Bohr, que fora aluno de Rutherford, incorporou ao modelo de seu professor as novidades sobre a quantização de energia. Segundo ele, a energia não podia estar sendo continuamente irradiada pelo elétron, pois ela só existiria em pacotes pré-fixados, os *quanta*. Bohr postulou também que, em certas órbitas — aquelas que tinham momento angular proporcional ao *quantum* energético —, a energia simplesmente não era irradiada. Os elétrons, ao contrário dos satélites, têm órbitas específicas regidas pela natureza quântica da energia.

Bohr usou o seu modelo para finalmente elucidar por que cada elemento químico apresentava um espectro próprio. Cada átomo tinha sua própria configuração eletrônica, com os elétrons distribuídos em órbitas específicas. Para saltar de uma órbita para a outra, os elétrons precisavam ganhar uma quantidade fixa de energia, nem mais nem menos. Essa energia roubada (uma energia muito específica, com determinado comprimento de onda) desaparecia do espectro, fato evidenciado por uma linha escura. A distribuição eletrônica (observada como linhas espectrais num espectroscópio) é a impressão digital do átomo.

Bohr mostrou em 1916 que os resultados obtidos com a mecânica quântica para os átomos correspondia aos resultados da física clássica para corpos macroscópicos. Ou seja, se o átomo fosse do tamanho de uma bola de tênis (isto é, se fosse macroscópico) e aplicássemos a ele as leis quânticas, obteríamos exatamente os mesmos resultados obtidos com as leis clássicas para uma bola de tênis. Esse fato é conhecido como "princípio da correspondência".

Bohr fez muito mais do que isso, e voltaremos a ele ao mergulharmos de cabeça nos mistérios da mecânica quântica...

10 | A mecânica quântica

> Qualquer um que não se choque com a Mecânica Quântica é porque não a entendeu.
>
> NIELS BOHR

Radiação de corpo negro

Corpo negro é aquele que absorve toda e qualquer radiação que incida sobre ele. Como nada é refletido, ele sempre vai nos parecer negro. Se tal corpo pudesse emitir a radiação absorvida, ele também iria emitir toda ela. Portanto, um corpo negro é também um emissor perfeito.

Em 1859, Gustav Kirchhoff — que inventou o espectroscópio junto com Bunsen — mostrou que a energia emitida pelo corpo negro dependia somente de sua temperatura e do comprimento da onda emitida. Mas ele não conseguiu quantificar isso, ou seja, não conseguiu dizer como a energia dependia desses dois fatores. Em busca de respostas, Kirchhoff lançou um desafio à comunidade científica.

De modo completamente autônomo, o físico austríaco Josef Stefan (1835-1893), após inúmeras experiências aquecendo e esfriando diferentes substâncias, anunciou que a energia emitida por um corpo quente (qualquer corpo que tivesse temperatura acima do zero absoluto) era proporcional à quarta potência de sua temperatura. Fez isso em 1879, e seu resultado não estava exatamente certo. Boltzmann chegou à mesma conclusão de Stefan 15 anos depois. Ao contrário de seu precursor, anunciou sua lei baseado em considerações teóricas, e por isso mesmo teve o cuidado de enfatizar que a lei só era válida para corpos negros (só para emissores perfeitos, e não para qualquer emissor). Essa lei, $E = \sigma T^4$, é conhecida como lei de Stefan-Boltzmann (o *s*, sigma, é a constante de Stefan).

A equação não elucidava completamente o desafio de Kirchhoff, pois relacionava a energia total com a temperatura, mas não levava em conta cada comprimento de onda. A energia total do corpo era dada pela lei de Stefan-Boltzmann, mas como poderíamos fazer se quiséssemos saber quanta radiação amarela (um determinado comprimento de onda) estava sendo emitida?

A segunda etapa desse desafio seria parcialmente resolvida pelo físico alemão Wilhelm Wien (1864-1928) em 1896. A lei de Wien pretendia explicar a distribuição de radiação de um corpo negro pelos vários comprimentos de onda. As experiências mostravam que as previsões de Wien eram satisfatórias para os comprimentos de onda pequenos, mas não para os grandes. Quase 40 anos depois do desafio de Kirchhoff, o problema continuava sem solução. Como explicar a distribuição de radiação emitida por um corpo negro?

Fóton

Em 1900, Max Planck (1858-1947) atacou o problema de frente. Sua solução foi completamente intuitiva, e ele se viu obrigado a afirmar que "a experiência provará se esta hipótese acontece na natureza". Num lampejo, Planck visualizou a função que Kirchhoff tanto procurara, mas havia um único porém: para que a fórmula de Planck fosse válida, a energia precisava ser algo descontínuo, que existisse em pacotes mínimos, jamais passíveis de divisão.

A existência de "pacotes mínimos" de alguma coisa é o "*x* da questão" para entender o que é a física quântica. Para compreender esse conceito empiricamente, a quantização, sugiro que o leitor vá a uma padaria e peça meio pão. Nessa situação, o pão é quantizado, sendo encontrado apenas em pacotes mínimos (um pão, dois pães etc.).

Planck postulou a existência de um a-tomo de energia, que chamou de "*quantum* de ação", inaugurando uma nova era na ciência. Seu artigo de 1900, "Sobre a teoria da lei de distribuição de energia do espectro contínuo", é a pedra fundamental da mecânica quântica.

A natureza, segundo Planck, era seletiva a respeito da quantidade de energia que um determinado corpo podia emitir ou absorver, qualquer valor que fosse múltiplo de um mínimo comumente representado pela letra h (chamada "constante de Planck"). Como o valor de h é muito pequeno, macroscopicamente a energia nos parece contínua. Mas sua natureza é quântica.

Como já vimos rapidamente no capítulo 7, Einstein usou essa hipótese para explicar um fenômeno que já havia sido descrito por Hertz na década de 1880: o efeito fotoelétrico. Hertz observara que a luz incidente num metal fazia com que ele produzisse centelhas. Isso porque — sabemos hoje — a energia contida na radiação eletromagnética permitia que os elétrons deixassem suas órbitas, "saltando" para fora dos metais em questão.

A teoria de Maxwell — a luz é uma onda eletromagnética — previa que, quanto mais intensa fosse a luz incidente, maior seria a energia fornecida aos elétrons. A energia média de um elétron ejetado deveria ser maior quanto mais intensa fosse a luz incidente. O físico alemão Philipp Lenard, fazendo cuidadosas medições, mostrou que isso não acontecia. Para desconcerto geral, a energia média de um elétron ejetado era independente da intensidade da luz incidente. Lenard explicou também que o número de elétrons ejetados aumentava à medida que a luz se tornava mais intensa.

Foi Einstein quem resolveu o problema em 1905. No artigo "Sobre um ponto de vista heurístico a respeito da criação e da conservação da luz", argumentava que, sendo a energia uma grandeza quantizada, um aumento de intensidade consistia num aumento no número de tais *quanta* de luz (a energia de cada a-tomo de luz continuava a mesma). Se mais *quanta* estavam sendo absorvidos, cada um com a mesma energia de antes, era natural que mais elétrons estivessem sendo ejetados (e não que um mesmo número de elétrons ganhasse mais velocidade).[1]

Em 1926 o químico Gilbert Lewis (1875-1946), numa carta à revista *Nature*, batizou o *quantum* da luz: fóton. Curiosamente Lewis não acreditava que esse a-tomo era a própria luz, e sim um "mensageiro". Em suas palavras, "... tomo a liberdade de propor para esse novo átomo hipotético, que não é a luz, mas exerce função essencial em todos os processos da radiação, o nome fóton".

Mas, afinal, a luz é uma onda ou um feixe de partículas?

A complementaridade

Em 1927 Bohr encerrou a discussão sobre a natureza da energia postulando a complementaridade (também chamada de "dualidade onda-partícula") entre as duas teorias. Alguns experimentos (como o de Thomas Young) mostravam que a energia era uma onda. Outros (como o efeito fotoelétrico), que ela era feita de fótons. Bohr argumentou que resultados de experimentos distintos não podiam ser compreendidos ao mesmo tempo; eles seriam complementares.

A complementaridade de Bohr ganhou novo fôlego graças ao trabalho de Louis de Broglie (1892-1987), que além de físico era historiador. De Broglie, que vinha de uma família de nobres e tinha o título de príncipe, interessou-se pela física durante a Primeira Guerra Mundial. O argumento dele, em retrospecto, é bastante simples e direto, mas, como qualquer trabalho pioneiro (em especial em física teórica), é de uma coragem ímpar. Em 1924, em sua tese de doutoramento

[1] Esse resultado é mais facilmente entendido se pensarmos no modelo atômico de Bohr, que já vimos no capítulo anterior. Einstein, porém, não teve esse privilégio.

pela Sorbonne, De Broglie juntou alguns conceitos recentes para estender a complementaridade à matéria.

Einstein tinha mostrado em 1905 que a massa (matéria) e a energia são intercambiáveis (a famosa equação $E = mc^2$). No mesmo ano, havia usado os resultados de Planck para postular a existência dos *quanta* de energia (os a-tomos energéticos que hoje chamamos de fótons); com isso finalmente explicava o efeito fotoelétrico. Então veio Bohr e criou a complementaridade, afirmando que um raio de luz pode ser visto como uma onda eletromagnética ou como um feixe de partículas. Para De Broglie, se a energia podia ser onda ou partícula, se a matéria podia se transformar em energia, então também a matéria poderia ser onda ou partícula.

O "comprimento de onda de De Broglie", dado pela constante de Planck dividida pelo momento da partícula (h/p), dá a dimensão da onda correspondente a qualquer corpúsculo. Por exemplo, uma pessoa: se compararmos uma pessoa ao Sol (que tem mais de um milhão de quilômetros de diâmetro), ela certamente pode ser vista como uma partícula. Se ela está, digamos, a 60km/h (uns 17 m/s), e tem uns 80kg de massa, seu momento é aproximadamente 1330kg.m/s. Se dividirmos a constante de Planck ($6{,}62 \times 10^{-34}$J.s, um número extremamente pequeno) por aquele valor, ficamos com 5×10^{-37}m, que é um número ridiculamente pequeno (0,0000000000000000000000000000000000005m). É evidente, assim, porque todos (eu, você, o Sol) percebemos essa pessoa como matéria (partícula), e não como onda, porque seu comprimento de onda é insignificante. Mas um elétron tem massa muito reduzida (cerca de 10^{-30}kg). Digamos que ele esteja viajando com metade da velocidade da luz ($1{,}5 \times 10^{8}$m/s). Seu momento é de $1{,}5 \times 10^{-22}$kg.m/s. O comprimento de onda de De Broglie é de 4×10^{-12}m, que é pequeno, mas ainda assim comparável a um elétron (algo muito menor). De Broglie mostrou justamente isso: um elétron pode ser tratado como uma onda. Na verdade, tudo pode ser encarado como onda, mas essa onda só se faz perceber quando o objeto em si, a "partícula", é muito pequeno. A natureza ondulatória da matéria foi demonstrada por George Thomson (1892-1975), filho de J.J. Thomson, em 1927, com um experimento de difração análogo ao de Thomas Young, de 1802.

Spin

A partir do segundo quarto do século XX, a mecânica quântica foi se tornando uma caixa de Pandora, revelando coisas cada vez mais esquisitas. É dessa época a frase de Bohr que abre este capítulo. E tanto estranhamento acontecia (e ainda acontece) porque insistimos (por obrigação, hábito e falta de opção) em descrever o mundo quântico por meio de conceitos clássicos.[2] A relatividade trouxe resultados surpreendentes (gêmeos que envelheciam de forma diferente, réguas que se achatavam, retas que se curvavam), é verdade, mas a grande maioria deles pode ser entendido (visualizado, imaginado, percebido) como uma quebra no senso comum. Na mecânica quântica nem existe senso comum. Se a relatividade nos dá pílulas de estranheza em doses homeopáticas, a física do mundo microscópico é toda ela inusitada, em especial quando a descrevemos com base na lógica cotidiana. Por exemplo, o *spin*.[3]

Em 1925 dois físicos holandeses residentes nos Estados Unidos, Samuel Goudsmit (1902-1978) e George Uhlenbeck (1900-1988), ao tentarem explicar certas discrepâncias observadas na estrutura fina do espectro dos átomos, formularam a hipótese de que os elétrons possuíam um movimento de rotação. Eles giravam, tinham "giro", *spin*.

Pelo modelo clássico de Bohr, os elétrons deveriam ser indistinguíveis e, portanto, produzir linhas espectrais semelhantes. Mas não era isso que acontecia. Havia algo que diferenciava um elétron do outro, e esse algo era o "giro". No mais simples átomo composto, o do hélio, os dois elétrons eram diferentes, pois um girava num sentido (*spin up*), enquanto o outro girava no sentido oposto (*spin down*).

No mesmo ano em que Uhlenbeck e Goudsmit "criavam" o *spin*, o físico austríaco Wolfgang Pauli (1900-1958) construía o "princípio da exclusão". Ao contrário de seus colegas holandeses, Pauli era um físico teórico. Analisando o modelo atômico de Bohr, em que cada elétron era dotado de três "números quânticos" (números que definem a "órbita" de um elétron), Pauli introduziu um quarto número, que poderia ter dois valores apenas (–1/2 ou 1/2). Ele argumentava que dois elétrons não podiam nunca ocupar o "mesmo estado quântico" (ou seja, ter os quatro números quânticos iguais). Assim, somente dois elétrons podiam ocupar uma mesma "órbita" (eles seriam diferenciados pelo quarto número quântico, introduzido por Pauli, já que os outros três eram idênticos). Esse é o próprio princípio da exclusão.

A visão de Pauli era muito mais próxima da realidade do que a de Uhlenbeck e Goudsmit, embora eles estivessem dizendo a mesma coisa (os dois valores possíveis do número quântico de Pauli representavam as duas possibilidades do *spin*, *up* ou *down*). O elétron não "gira" em torno de si, como sabemos, mas tem uma característica própria, intrínseca, que por razões históricas chamamos até hoje de *spin*.

[2] Ao longo do resto deste capítulo, quando eu estiver usando conceitos clássicos para tratar de fenômenos quânticos, terei o cuidado de mantê-los entre aspas.

[3] A força desse exemplo se perde um pouco em português, pois o termo *spin* não é traduzido. Seu significado em inglês é "giro".

Vimos que Bose e Einstein haviam feito uma estatística que tratava de partículas como o fóton. Essas partículas são coletivamente chamadas de bósons. Quando Pauli lançou seu princípio de exclusão, uma nova estatística — que levasse em conta a premissa de que dois elétrons, por exemplo, não podem ocupar o mesmo estado quântico — teve que ser criada. As partículas que obedecem à estatística de Fermi-Dirac (os férmions) obedecem também ao princípio de exclusão de Pauli.

Neutrino

A outra grande contribuição que Wolfgang Pauli deu à física foi a respeito do decaimento beta. Vimos que o elétron já havia sido chamado de "partícula beta" (os "raios beta" de Rutherford). Quando um isótopo instável de algum elemento emite um elétron e se transforma em outro elemento, isso é denominado decaimento beta. Hoje sabemos que o decaimento beta ocorre no núcleo atômico: um nêutron espontaneamente se transforma num par de partículas (um próton e um elétron). O próton continua no núcleo, e o elétron é ejetado do átomo.

Carbono-14

O caso de decaimento beta mais famoso é o do carbono-14 (6 prótons, 8 nêutrons), um isótopo do mais comum carbono-12 (6 prótons, 6 nêutrons). Um dos nêutrons do carbono-14 transforma-se espontaneamente num próton, que fica no núcleo, e num elétron que escapa. O carbono-14 transforma-se no nitrogênio-14 (7 prótons, 7 nêutrons). A meia-vida do carbono-14 é de 5.730 anos. Isso quer dizer que a cada 5.730 anos, metade dos átomos de carbono-14 de uma amostra qualquer decairá, transformando-se em nitrogênio-14. Medindo cuidadosamente a porcentagem de carbono-14 num determinado objeto, os arqueólogos são capazes de estimar uma data, baseados na meia-vida desse isótopo do carbono.

A datação pelo carbono-14 foi inventada pelo químico americano Willard Libby (1908-1980), que ganhou o prêmio Nobel de Química de 1960.

Os físicos teóricos da época sabiam que alguma energia estava "desaparecendo" durante o decaimento beta, o que contrariava um arraigado princípio de conservação (a primeira lei da termodinâmica). Em 1930 Pauli postulou que, durante o decaimento beta, uma outra partícula (além do elétron) era emitida, e nela estava a energia que aparentemente faltava. Enrico Fermi jocosamente batizou essa partícula de "neutrinho", que em italiano é *neutrino*, nome que usamos até hoje.

Os neutrinos são partículas "fantasmagóricas" e foram observados pela primeira vez em 1956 por Frederick Reines (1918-1998), que os definiu como "a menor quantidade de realidade já imaginada pelo homem".

Além de resultantes de processos radioativos, os neutrinos são produzidos também na fusão nuclear que ocorre no interior das estrelas. Como são "fantasmas", mesmo gerados no núcleo do Sol, eles conseguem chegar sem problemas até a Terra. Um ser humano qualquer é atravessado por cerca de 300 trilhões de neutrinos a cada segundo. Por sorte eles também não interagem com as partículas que compõem os nossos corpos.

A detecção de neutrinos é uma tarefa árdua. O mais famoso "observatório" dessas partículas fica no Japão, a cerca de 200km ao norte de Tóquio. Chama-se Super-Kamiokande e funciona desde 1996. A 1km de profundidade, um tanque de 40m de altura e 40m de diâmetro com 50 mil toneladas de água sem qualquer impureza serve como alvo dos neutrinos. O tanque é revestido com 11.146 "tubos fotomultiplicadores", dispositivos eletrônicos que captam a mínima luminescência produzida na água, multiplicando-a.

Super-Kamiokande

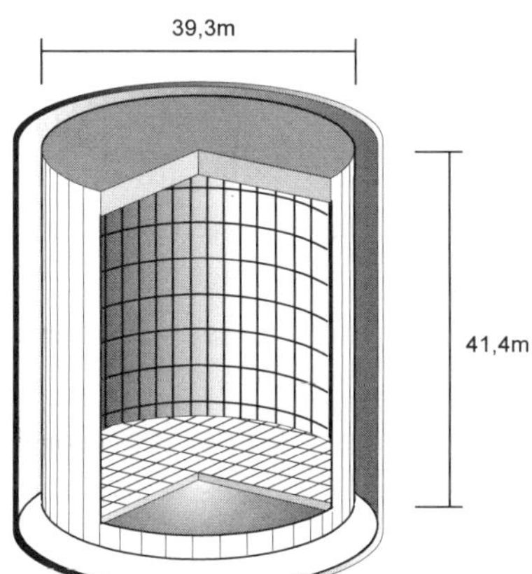

O detetor consiste num imenso cilindro interno, que abriga 32 mil toneladas de água puríssima, envolto por uma casca cilíndrica que contém 18 mil toneladas do mesmo líquido (essa "casca" serve para filtrar a radiação ambiente). A parede do recipiente interno é forrada por 11.200 fotomultiplicadores, que captam e intensificam a pálida radiação de Tcherenkov. O equipamento todo fica a 1km de profundidade, numa antiga mina, no Japão.

A radiação de Tcherenkov

A luminescência é provocada por um efeito conhecido como "radiação de Tcherenkov", descoberta por Pavel Tcherenkov (1904-1990) em 1934. Essa emissão de radiação é causada por partículas com velocidades maiores do que a da luz em determinado meio. Vimos que a velocidade máxima do Universo é a velocidade da luz no vácuo (cerca de 300.000km/s). E vimos também que a luz diminui de velocidade ao entrar num meio material (por exemplo, a água). Assim, é possível que existam na água partículas mais rápidas do que a luz (na própria água), mas ainda assim mais lentas do que a luz no vácuo. Essas partículas produzem a radiação de Tcherenkov.

Esse efeito é gerado de forma análoga às explosões sônicas que acontecem quando se rompe a barreira do som (não que eu já tenha rompido a barreira do som alguma vez...). As ondas (som ou luz) vão se acumulando à frente do objeto até que de repente são ultrapassadas, causando um estrondo (no caso do som) ou um brilho (no caso da luz).

Como funciona o Super-Kamiokande? Quando os raios cósmicos atingem a atmosfera, eles produzem uma chuva de partículas que rapidamente interage com as moléculas da própria atmosfera. Os neutrinos no entanto são virtualmente livres. A esmagadora maioria deles atravessa toda a atmosfera — e também a Terra — e escapa para o espaço. Mas alguns neutrinos, um número muito pequeno deles, cerca de um a cada dois sextilhões, interagem com a matéria. Assim, dos 15 sextilhões de neutrinos que atravessam o tanque do Super-Kamiokande diariamente, cerca de oito interagem com as moléculas da água. Apenas oito eventos por dia! A interação dos neutrinos com a matéria confere energia aos elétrons de alguns átomos, que aceleram através do líquido e produzem a radiação de Tcherenkov, captada e amplificada pelos fotomultiplicadores.

Em 5 de junho de 1998, uma equipe do Super-Kamiokande anunciou a descoberta de evidências a respeito da massa do neutrino.

A segunda onda

Mas voltemos à década de 1920. Falávamos de Pauli e de seu princípio de exclusão. Um ano depois desse trabalho, em 1926, a mecânica quântica (por si só uma revolução científica) experimentou uma reviravolta, graças ao trabalho de dois físicos: Werner Heisenberg (1901-1976) e Erwin Schrödinger (1887-1961). O próprio termo mecânica quântica vem dessa época e foi cunhado em 1924 pelo físico Max Born (1882-1970).

O salto que Heisenberg e Schrödinger deram foi na busca de um arcabouço matemático que se encaixasse às novas idéias físicas. Heisenberg mostrou que alguns resultados obtidos por seu colega Born obedeciam a uma álgebra não-comutativa (ou seja, *a* vezes *b* era diferente de *b* vezes *a*) e construiu uma mecânica matricial para trabalhar os problemas quânticos.

De modo independente, e tomando um outro rumo, Schrödinger (inspirado no trabalho de De Broglie) construiu uma mecânica ondulatória que se ocupava da "função de onda" das partículas (e não das partículas em si). Um ano depois, Paul Dirac mostrou a total equivalência dos métodos de Schrödinger e Heisenberg na solução de problemas pertinentes à mecânica quântica.

O efeito túnel

Imagine uma partícula confinada por uma barreira intransponível (pode ser um campo magnético, por exemplo). Ela é pontual, mas sua função de onda se espalha por uma certa região.

Ainda que a crista da função de onda (o local mais provável de encontrarmos a partícula) mantenha-se sempre dentro dos limites da barreira, uma parte dessa onda pode estar do lado de fora, ou seja, há uma probabilidade (pequena) da partícula ser encontrada do lado de fora. E isso de fato ocorre.

Essa "penetração na barreira" — o efeito túnel — foi postulada pela primeira vez em 1927 pelo físico alemão Friedrich Hund (1896-1997).

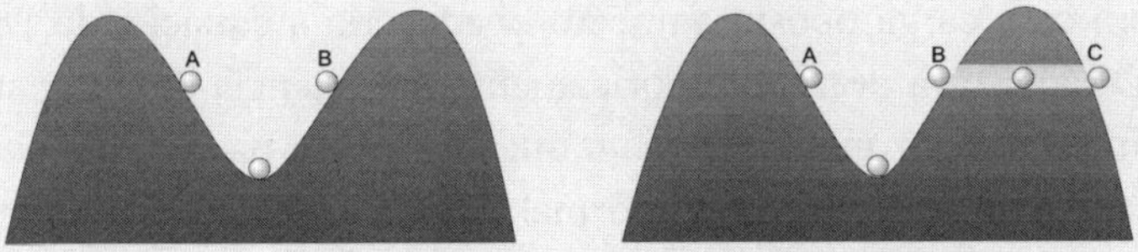

No lado esquerdo da figura, vemos o caso clássico. A bolinha fica confinada pela barreira e jamais conseguirá ir além do ponto *B*. No lado direito, o caso quântico. Ainda que a bolinha não tenha energia para superar a barreira, ela pode aparece do lado externo (C), pelo efeito túnel.

Na mesma época Born já havia interpretado a célebre equação de Schrödinger como uma equação probabilística. A função de onda que representava a partícula era na verdade uma distribuição de probabilidades. A resolução da equação de Schrödinger dava uma distribuição estatística da posição da partícula, onde era mais provável encontrá-la, e não a posição exata. Essa interpretação é fundamental para a mecânica quântica.[4]

Outra importante idéia surgida nessa época foi o "princípio da incerteza", de Heisenberg. No mesmo ano em que fazia sua mecânica matricial, o físico alemão percebeu que seria inútil tentar medir simultaneamente a posição e a velocidade de uma partícula. Em 1927 publicou um artigo científico esclarecendo a idéia e formalizando o princípio da incerteza: se quisermos saber onde está uma partícula, nada saberemos sobre sua velocidade (ou seja, para onde ela vai); se soubermos a sua velocidade, nada saberemos sobre sua posição. Uma medição quântica deve ser um compromisso entre essas duas grandezas: posição e velocidade (na verdade, momento, que é a massa vezes a velocidade). Podemos saber essas duas grandezas, mas apenas com um certo grau de incerteza.

Pósitron e nêutron

A década de 1920 foi mesmo propícia às descobertas. O próprio Dirac, que havia mostrado a equivalência entre as abordagens de Heisenberg e Schrödinger, aplicou a função de onda da equação de Schrödinger ao campo eletromagnético. Esse procedimento (em geral chamado de "segunda quantização") trouxe um campo de força (o eletromagnético) para o domínio da mecânica quântica. Em 1927 Dirac inaugurou a eletrodinâmica quântica (QED, da sigla em inglês).

No ano seguinte ele produziu uma equação para descrever o elétron, combinando resultados quânticos e relativísticos. Para sua surpresa, a carga do elétron não influenciava em nada a equação, ou seja, uma partícula com mesma massa e *spin*, porém com carga oposta, também obedeceria a equação de Dirac.

Paul Dirac estava prevendo teoricamente a existência da antimatéria.

A antimatéria, por mais frustrante que isso possa parecer ao leitor, não tem nada de esotérico, misterioso ou anormal. Uma partícula de antimatéria é idêntica à sua partícula de matéria correspondente, exceto pela carga elétrica, que

[4] A partir dessa abordagem meramente probabilista um dos fundadores da mecânica quântica original, Einstein, passou a se opor a essa teoria. É de 1926 sua famosa frase "Deus não joga dados com o Universo". Bohr costumava replicar: "Pare de dizer o que Deus pode ou não pode fazer."

tem o sinal oposto. Um antielétron nada mais é do que um elétron positivo. Um antipróton é um próton negativo. A antimatéria foi descoberta em laboratório, em 1932, por Carl Anderson (1905-1991). Ele descobriu os antielétrons, aos quais denominou pósitrons (nome que usamos ainda hoje).

Ainda no mesmo ano James Chadwick (1891-1974) descobriu o nêutron ao estudar os trabalhos de Irène Curie (1897-1956), filha de Pierre e Marie, e de seu marido Frédéric Joliot (1900-1958). Os Joliot-Curie pesquisavam, por sua vez, certas "radiações penetrantes" observadas pelos físicos alemães Walter Bothe (1891-1957) e Herbert Becker (1887-1955). Bothe e Becker haviam bombardeado diversos elementos leves (como o lítio e o berílio) com partículas alfa produzidas pelo polônio (descoberto por Madame Curie), produzindo a tal "radiação". As partículas alfa — lembremos de Rutherford — são núcleos de hélio.

Chadwick interpretou corretamente essa misteriosa radiação, deduzindo que se tratava de uma partícula desprovida de carga elétrica. Batizou-a de nêutron (nome que também ainda usamos). A princípio pensou-se que o nêutron era uma partícula composta, formada por um elétron e um próton, mas essa idéia foi descartada ainda em 1932.

A partícula alfa, então entendida simplesmente como um núcleo de hélio, foi percebida em seus componentes: dois prótons e dois nêutrons. Prótons e nêutrons aglomeram-se no núcleo atômico, e por isso mesmo são coletivamente chamados de "núcleons". Ainda em 1932 foi anunciada a descoberta de um isótopo do hidrogênio, o "dêuton". Como qualquer isótopo, ele possuía o mesmo número de prótons e elétrons que seu "irmão" (um próton e um elétron), mas tinha uma massa diferente, porque o núcleo abrigava também (agora se sabia) um nêutron. Esse isótopo do hidrogênio é hoje conhecido como deutério.

A natureza da tabela periódica ficava cada vez mais clara. As propriedades dos átomos eram dadas pelo número de prótons (número atômico) e pela soma de prótons e nêutrons (número de massa). A diferença entre um elemento e outro era simplesmente essa.

Criando novos elementos

Em 1937 os físicos italianos Carlo Perrier (1886-1948) e Emílio Segrè (1905-1989), bombardeando uma amostra de molibdênio (número atômico 42, número de massa 96) com "dêuterons" (núcleos de deutério, ou seja, um próton e um nêutron), produziram

→

o primeiro elemento artificial, batizado de tecnécio (número atômico 43, número de massa 98). A partir desse experimento pioneiro, vários outros elementos artificiais foram "construídos". Por exemplo, o astato (a partir do bismuto), o frâncio (a partir do tório) e o plutônio (a partir do urânio).

Emilio Segrè entrou para a história da física por ter descoberto o antipróton, junto com Owen Chamberlain (1920), em 1955.

O paradoxo EPR

Mas nem só de sucessos vivia a mecânica quântica. Apesar de prever o comportamento dos corpos microscópicos, e até a existência de novas partículas, a natureza por trás dos processos quânticos era ainda algo misterioso, e muitos físicos acreditavam que ela, a mecânica quântica, era pouco mais do que um artifício matemático, e jamais uma descrição da realidade.

Em 1935 Einstein juntou-se a Boris Podolsky (1896-1966) e Nathan Rosen (1909-1995) para produzir o "paradoxo EPR".

O trio argumentava que, mesmo em mecânica quântica, valia a lei da conservação do momento. Assim, num sistema de duas partículas que tivesse seu momento total conhecido, bastaria medir o momento de uma delas para saber o momento da outra (o momento da segunda partícula tem que ser o momento total menos o momento da primeira partícula). Se medíssemos, então, o momento da partícula 1, saberíamos o momento da partícula 2, que nem sequer fora medido. Einstein, Podolsky e Rosen concluíam, então, que bastava fazer uma medição da posição da partícula 2 para que ela tivesse momento e posição conhecidos, o que violava o princípio da incerteza de Heisenberg.

Bohr refutou esse argumento aplicando seu princípio de complementaridade ao par de grandezas físicas momento-posição. Assim como medições independentes se complementavam, mostrando que um fóton (ou um elétron) podiam ser uma onda ou uma partícula, as medições sugeridas pelo trio EPR eram complementares, não podendo ser feitas simultaneamente. No exato instante que medíssemos a posição da partícula 2, nada saberíamos sobre o seu momento (e, conseqüentemente, sobre o momento da partícula 1). O momento total, no entanto, continuava constante.

O paradoxo EPR era mais complicado do que isso, porém. Se afastássemos as partículas em questão (digamos, se uma estivesse na Terra e outra na galáxia de Andrômeda), o que aconteceria? Ao medir a posição da partícula que ficou na Terra, qualquer informação sobre o seu momento se perdia. Mas, então, perdia-se também a informação sobre o momento daquela que estava distante. É como se a partícula terrestre "avisasse" a outra que fora feita uma medição. E esse aviso, para não violar o princípio da incerteza (nem por um segundo), devia ser instantâneo! Mas Einstein já havia mostrado em 1905 que existia uma velocidade máxima no Universo, a velocidade da luz. A informação não podia ser transmitida instantaneamente.

Ou podia? Em 1964 o físico britânico John Bell (1928-1990) produziu um teorema, argumentando que existia uma grandeza que poderia ser medida, uma desigualdade que relacionava os *spins* de uma partícula nas três direções possíveis, x, y e z. (No exemplo acima, usou-se a medição da posição e do momento, mas ele se aplica também à medição do *spin*.) Se a desigualdade de Bell fosse comprovada, Einstein, Podolsky e Rosen estariam certos. Se não fosse, valeria a visão da mecânica quântica. Uma experiência feita por Alain Aspect (1947) em 1982 mostrou que Einstein estava errado, que realmente a informação quântica se propaga instantaneamente. Isso não significa que podemos burlar a relatividade especial para enviar uma mensagem qualquer. Devemos levar em conta o tempo que a partícula gasta para chegar a Andrômeda...

Outro paradoxo importante concebido em 1935 foi o do famoso "gato de Schrödinger". Schrödinger havia criado sua mecânica ondulatória para explicar a dinâmica das partículas microscópicas. Estava um pouco descontente com a interpretação de Born (também conhecida como interpretação de Copenhague), de que a função de onda era uma mera probabilidade. Para chamar a atenção para o absurdo dessa abordagem probabilista, sugeriu o seguinte aparato: uma caixa fechada, com um gato dentro; um contador Geiger; um material radioativo qualquer; e uma ampola de veneno.

No experimento mental de Schrödinger, a desintegração radioativa acionava o contador, que liberava o veneno que matava o gato. Mas como não havia como prever a taxa de decaimento da amostra radioativa, não se podia saber quando (e se) isso iria acontecer. Sem olhar o interior da caixa, não se podia afirmar se o gato estava vivo ou morto. De acordo com a interpretação de Copenhague, o gato estava numa superposição de estados, vivo e morto simultaneamente. A função de onda contemplava as duas possibilidades, e somente após uma observação qualquer o sistema "escolhia" um estado (vivo ou morto), num fenômeno conhecido como "colapso da função de onda".

O "gato de Schrödinger" não é um paradoxo em si; é apenas um "estranhamento", pois trazia para o mundo macroscópico efeitos que são típicos do mundo microscópico. De fato, um elétron que não é observado está numa superposição de estados quânticos (*spin up* e *spin down*), e o colapso da função de onda só ocorre no instante da observação.

O gato de Schrödinger

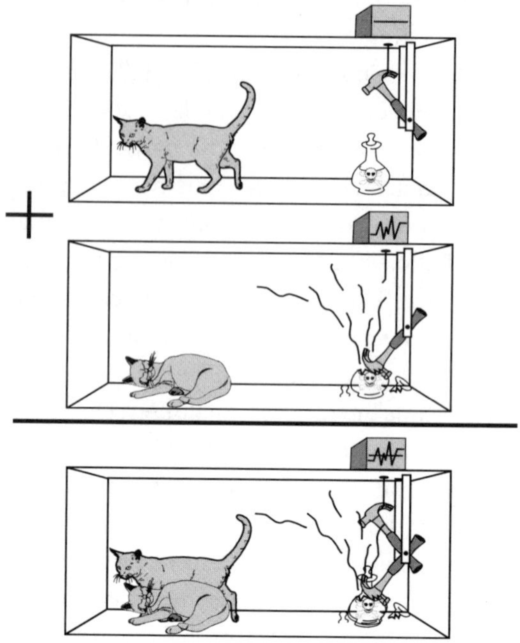

A clássica experiência mental de Schrödinger cria a figura de um gato vivo-morto, ao superpor os dois estados independentes (gato vivo e gato morto).

Bestiário

No mesmo ano em que esses paradoxos foram apresentados (1935) o físico japonês Hideki Yukawa (1907-1981) sugeriu a existência de uma força nuclear que mantinha os núcleons (prótons e nêutrons) coesos no núcleo atômico. Sim, pois era evidente que, se não houvesse uma outra força em ação, os prótons (todos positivos) deveriam se repelir mutuamente, tornando o núcleo atômico instável.

Seguindo o modelo da segunda quantização de Dirac, que descrevia a força eletromagnética como uma troca de partículas (naquele caso, fótons), Yukawa sugeriu que essa força era transmitida pela troca de uma partícula pesada, que ele denominou "partícula U", e que passou a ser chamada de yukon, nome posteriormente substituído por mésotron ou méson (pois sua massa estaria a meio caminho entre a massa do próton e a massa do elétron).

Uma partícula que correspondia à previsão de Yukawa foi encontrada por Carl Anderson (o descobridor do pósitron) em 1937, nos raios cósmicos vindos do espaço. Anderson batizou essa partícula de "elétron pesado" e posteriormente de "méson μ" (hoje a chamamos de múon). Infelizmente o múon interagia muito pouco com os núcleons, apesar de ter a massa parecida com a "partícula U". Dez anos depois Cecil Powell (1903-1969), descobriu uma nova partícula, o "méson π" (hoje chamado píon).[5]

Yukawa atirou no que viu e acertou no que não viu... De fato, o píon era exatamente a partícula prevista por ele, pois correspondia em massa, carga e *spin* ao que havia sido postulado, mas não era responsável pela interação nuclear dos prótons.

Outro físico japonês, Sin-Itiro Tomonaga (1906-1979), também partiu da segunda quantização de Dirac rumo a novas descobertas. Estava insatisfeito com o modo como a eletrodinâmica quântica previa certas quantidades infinitas; a força eletromagnética transportada por fótons era proporcional ao inverso do quadrado da distância ($1/r^2$). Isso trazia uma previsão embaraçosa: no próprio elétron, considerado uma partícula pontual ($r = 0$), a força eletromagnética deveria ser infinita. Em 1943 Tomonaga divisou um método para evitar o surgimento dessas quantidades infinitas (o método da renormalização). Como o artigo foi escrito em japonês, e como o Japão estava em guerra, seu trabalho só se tornou conhecido alguns anos depois.

De modo totalmente independente, Julian Schwinger (1918-1994) e Richard Feynman (1918-1988) chegaram aos mesmos resultados. Em 1949 Freeman Dyson (1923) mostrou que os três resultados (Tomonaga, Schwinger e Feynman) eram equivalentes. Feynman introduziu ainda um novo método de calcular a probabilidade de um evento quântico, por meio de gráficos simples (os "diagramas de Feynman"). Ele supôs que, para estudarmos a posição de um elétron, por exemplo, precisávamos levar em conta todos os caminhos possíveis que esse elétron podia ter percorrido. A soma de todos os caminhos resultava na própria equação de Schrödinger.

Enquanto a QED se estabelecia como uma boa teoria da interação eletromagnética, novas e variadas partículas eram encontradas nos laboratórios. Ao final da década de 1950, havia cerca de 30 partículas subatômicas, entre elas os mésons μ e π, e também o méson K (káon) e a partícula Λ (lambda). No anos 60, já eram

---

[5] O físico brasileiro César Lattes (1924) teve participação ativa no grupo que descobriu o méson π, sob a liderança de Powell.

mais de 70 partículas conhecidas. As experiências descobriam as novas partículas, mas não havia uma teoria que as explicasse. Algo precisava ser feito...

Quarks

Dois físicos chegaram à mesma idéia de forma independente, em 1964. George Zweig (1937) e Murray Gell-Mann (1929) propuseram a existência de partículas subatômicas, os verdadeiros a-tomos, que comporiam todo o "bestiário" de novas partículas encontradas. Zweig chamou seus a-tomos de "ases"; Gell-Mann, de "quarks" (palavra retirada do romance de James Joyce, *Finnegan's Wake*). Na teoria original de Gell-Mann, todas as partículas conhecidas poderiam ser descritas pela combinação de apenas três quarks: o *up* (*u*), o *down* (*d*) e o *strange* (*s*). Cada quark possuía o respectivo antiquark (com as mesmas características, mas com a carga elétrica oposta). O que causou maior estranheza nas idéias de Gell-Mann foram justamente as cargas elétricas de seus quarks, que não eram inteiras. Até então, toda e qualquer partícula tinha carga elétrica inteira, um múltiplo da carga elétrica do elétron. Os quarks *s* e *d* tinham carga –1/3, enquanto o quark *u* tinha carga elétrica 2/3. Um próton, hoje sabemos, é composto por dois quarks *u* e um quark *d* (carga total igual a 1); o nêutron é feito de dois quarks *d* e um quark *u* (carga resultante nula).[6]

O quark *s* só era encontrado em partículas raras, como o káon, e por isso mesmo foi batizado de "estranho". Em 1970, Sheldon Glashow (1932) propôs um quarto quark, que formaria um par com o quark *s*. Chamou-o quark *charm* (*c*). Esse quarto quark foi descoberto experimentalmente por dois cientistas, de forma independente: Burton Richter (1931) e Samuel Chao Chung Ting (1936). Richter chamou sua descoberta de "partícula ψ"; Ting, de "partícula J". Durante um certo tempo, o quark *charm* era conhecido como ψ/J (na verdade, a ψ/J é um méson composto por um *charm* e um *anticharm*). Um quinto quark, identificado por Leon Lederman (1922), em 1977, foi batizado de *beauty* (*b*), mas é hoje conhecido como *bottom*. O sexto (e último) foi descoberto em 1994 por uma equipe do Fermilab, nos Estados Unidos, e chama-se *truth* ou *top* (*t*).

Hoje sabemos que os quarks se dividem em três famílias, ou gerações. O *up* e o *down* formam a primeira geração, o *strange* e o *charm* formam a segunda, e o *top* e o *bottom* formam a terceira e última. Não há outros quarks na natureza (o conheci-

---

[6] É a transformação (decaimento) de um quark *d* em um quark *u* que faz o nêutron se transformar num próton — o decaimento beta.

mento que temos nos permite afirmar isso, e não simplesmente que "não foram encontrados outros quarks"). Os quarks são férmions, ou seja, obedecem à estatística de Fermi-Dirac (em outras palavras, obedecem ao princípio de exclusão de Pauli). Eles podem se unir em trios, formando bárions, do grego "pesado" (os bárions mais conhecidos são os nêutrons e os prótons), ou em duplas (na verdade, um quark e um antiquark), os mésons (como o píon e o káon, mas não o múon). Falaremos do que os une em breve. Antes, porém, vamos falar dos outros férmions que restam.

Sem dúvida o férmion mais famoso é o elétron. Ele é a partícula subatômica mais antiga que o homem conhece. Ao contrário dos bárions e mésons, o elétron não é feito de quarks. Ele é uma partícula elementar, um legítimo a-tomo. O segundo férmion a ser descrito foi o neutrino. Elétrons e neutrinos são coletivamente chamados de léptons, do grego "leves". Assim como os quarks, existem três gerações dessas partículas. O elétron e o neutrino formam a primeira geração. O múon (quando descoberto foi chamado de méson) é um "elétron pesado", da segunda geração. Como vimos, o múon foi descoberto por Anderson em 1937. Há um neutrino correspondente ao múon, descoberto por Leon Lederman, Melvin Schwartz (1932) e Jack Steinberger (1921) em 1962. E há uma terceira geração de léptons, com um "elétron" ainda mais pesado, o tau, e seu respectivo neutrino. O tau foi descoberto por Martin Perl (1927) em 1962. Seu neutrino só foi detectado recentemente, em 2000, por uma equipe do Fermilab. Mas e as forças que unem essas partículas?

Forças nucleares e o modelo padrão

Desde a quantização inicial do campo eletromagnético, feita por Dirac, as forças que agem entre os corpos também podem ser entendidas como uma contínua troca de partículas. A força eletromagnética é uma interação mediada por fótons. Esses fótons são chamados de virtuais, não porque eles não existam, mas porque estão confinados em sua existência. Fótons reais são livres e representam uma quantização da onda eletromagnética. Fótons virtuais estão obrigatoriamente ligados a uma carga elétrica e representam uma quantização do campo eletromagnético. Como não obedecem ao princípio de exclusão, os fótons seguem a estatística de Bose-Einstein, são bósons.

Mas será que, assim como há outras forças, há outros bósons intermediários?

A força mais "famosa" é a gravidade, mas dela não falaremos agora. Ainda há outras duas forças que agem no núcleo atômico. A primeira foi postulada por Enrico Fermi e a segunda, por Hideki Yukawa.

Fermi, além de batizar o neutrino, introduziu na física uma nova força que explicava o decaimento beta. Inicialmente denominada de "interação nuclear" ou "força nuclear", ela é hoje conhecida como "interação nuclear fraca", ou simplesmente "força fraca". A força fraca é a única responsável pela transformação espontânea de um nêutron num próton e também a única força da natureza sentida por um neutrino.

Yukawa, por sua vez, postulou a existência de uma força entre os núcleons — as partículas que compõem o núcleo do átomo. O físico japonês, como se viu, chegou a calcular algumas propriedades da partícula que deveria ser a transmissora dessa nova força. A partícula prevista por Yukawa era o píon, que não é mensageiro de força alguma. A "interação de Yukawa" é conhecida atualmente como "interação nuclear forte" ou "força forte", um nome que soa horrível em português.

Na década de 1970 o trabalho teórico de três cientistas que atuavam de modo independente — Sheldon Glashow, Steven Weinberg (1933) e Abdus Salam (1926-1996) — apontava para a existência de bósons intermediários da força fraca. O trio foi mais além, mostrando que, se isso fosse verdade, as interações eletromagnéticas e as interações fracas poderiam ser vistas como uma única força, a interação eletrofraca. (Os bósons fracos, que carregam a força fraca, podem ser entendidos como fótons com massa; por serem massivos, seu alcance é muito mais limitado.)

Os bósons fracos (partículas W e Z) foram descobertos por uma equipe do CERN (Organização Européia para Pesquisa Nuclear, Suíça), na década de 1980, confirmando a unificação proposta por Glashow, Weinberg e Salam. As interações eletromagnéticas e as interações fracas passaram a ser tratadas como dois aspectos de uma única interação: a eletrofraca. O modelo apresentando pelo trio foi o pontapé inicial para a consolidação do "modelo padrão".

E a força forte?

A cromodinâmica quântica

Vimos que Yukawa postulou a existência de uma força nuclear que mantinha os prótons unidos, suplantando a repulsão eletromagnética que eles provocam uns nos outros. Na década de 1950, o estudo detalhado do espalhamento de elétrons[7] por núcleos atômicos mostrava que havia uma certa distribuição de cargas

[7] Espalhamento nada mais é do que a velha experiência de Rutherford, que descobriu o núcleo atômico. Um feixe de elétrons é jogado de encontro a um alvo, e vemos como esse feixe "espalha-se" pelo alvo.

no interior dos prótons, e até dos nêutrons. Essa distribuição foi entendida com o modelo dos quarks proposto por Gell-Mann. Ele mesmo propôs que havia uma interação entre os quarks que os mantinha unidos (formando prótons e nêutrons).

A natureza dessa interação entre os quarks surgiu do trabalho de Yoichiro Nambu (1921). Os bárions mais conhecidos são o próton (*uud* — dois quarks *up* e um *down*) e o nêutron (*udd*). Mas existem vários outros, como, por exemplo o ômega menos, Ω^- (*sss*). Esse bárion é composto por três quarks *strange*, o que chamou a atenção de Nambu. Quarks são férmions, ou seja, respeitam o princípio de exclusão de Pauli. Dois quarks idênticos podem ser distinguidos pelo *spin* (um pode ter *spin up*, o outro, *spin down*). Mas e três quarks idênticos? Nambu postulou a existência de um número quântico adicional, uma nova característica ainda desconhecida, permitindo que três quarks idênticos permanecessem juntos sem violar o princípio de exclusão. No Ω^- haveria três quarks *strange*, e pelo menos dois deles tinham o mesmo *spin*. Mas eles também possuíam outra característica (que não se sabia o que era) que os tornava diferentes entre si. Em vez de inventar um novo nome, Nambu chamou essa característica de "cor". O termo cor não tem nada a ver com a cor que conhecemos (a cor das coisas nada mais é do que uma freqüência da onda eletromagnética, ou seja, uma determinada energia do fóton).

Um quark tem então quatro características intrínsecas: massa, carga, *spin* e cor. Como nos bárions todos os três quarks podem ter o mesmo *spin*, é preciso que existam três cores diferentes. Se a "carga gravitacional" (que chamamos massa) só possui um aspecto (por isso a força da gravidade é sempre atrativa), e a "carga elétrica" (que chamamos carga mesmo) possuiu dois aspectos (positivo e negativo), a "carga colorida" (a cor) possui três. Por falta de uma terminologia mais adequada, esses três aspectos são chamados de "azul", "verde" e "vermelho".[8] O estudo das interações fortes é conhecido como cromodinâmica quântica (ou QCD, da sigla em inglês).

Os bárions e os mésons são formados por quarks, de modo a ter "cor neutra" (assim como os átomos são formados por prótons e elétrons, de modo a ser eletricamente neutros). Mésons são neutros por ter um quark de uma cor e um antiquark da anticor respectiva. Bárions são neutros por ter um quark de cada cor diferente. Mas, do mesmo modo que um átomo neutro tem um resquício de campo elétrico, permitindo a formação de moléculas, um bárion "descolorido" tem um resíduo de cor, permitindo a formação de núcleos atômicos.

---

[8] Há as anticores dos antiquarks: "antiazul", "antiverde" e "antivermelho".

A força forte tem atuação limitada, mas onde age, ela apresenta um comportamento atípico: aumenta com a distância. Como uma mola, quanto maior a distância entre os quarks, maior a atração entre eles, de modo que os quarks nunca se libertam. Jamais se observou um quark isoladamente. Eles estão sempre em duplas (mésons) ou trios (bárions). Essa propriedade é conhecida como "confinamento".

As partículas que carregam a força forte são chamadas de glúons, e existem oito glúons diferentes na natureza.

Todo o conhecimento a respeito da natureza da matéria e das interações entre as partículas faz parte do que hoje chamamos de "modelo padrão", que divide as partículas em duas categorias, como já vimos: férmions e bósons. Os férmions são os constituintes da matéria e podem ser divididos em léptons e quarks. Há seis léptons e seis quarks. Pode-se montar, assim, uma tabela resumida, com os nomes dos descobridores.

Férmions

<table>
<tr><th colspan="2">Léptons</th><th colspan="2">Quarks</th></tr>
<tr><td>Elétron
J.J. Thompson, 1897</td><td>Neutrino do elétron
Proposto por Pauli, 1930
Descoberto por Reines, 1956</td><td colspan="2">Up   Down
Próton (uud), Lord Rutherford, 1913
Nêutron (udd), Chadwick, 1932
Subestrutura de quarks proposta por Gell-Mann, Zweig, 1964</td></tr>
<tr><td>Múon
Anderson, 1936</td><td>Neutrino do múon
Schwartz, Lederman e Steinberger, 1962</td><td>Charm
Richter, Ting, 1974</td><td>Strange
Rochester e Butler, 1947*</td></tr>
<tr><td>Tau
Perl, 1975</td><td>Neutrino do tau
Fermilab (EUA), 2000</td><td>Top
Fermilab (EUA), 1994</td><td>Bottom
Lederman, 1977</td></tr>
</table>

Além dos férmions, há os bósons, que são os intermediários das forças da natureza. Com exceção da força da gravidade, todas elas são transmitidas por meio da troca de bósons. Resumidamente, com o ano em que foram postulados:

* George Rochester (1908-2001) e Clifford Butler (1922) descobriram o káon neutro, uma partícula feita de um quark *strange* e um antiquark *down*. Fizeram isso antes de surgir a noção de quark.

Bósons

Fótons, 1905	Bósons fracos, 1968	Glúons, 1973

Este é o modelo padrão. Três gerações de férmions, cada uma com dois léptons e dois quarks. Bósons intermediários quantizando as forças eletrofraca e forte. Mas e a força gravitacional? Sugere-se que há um bóson intermediário da gravidade, o gráviton, mas sua presença nunca foi detectada.

A unificação de todas as forças é o Santo Graal da física moderna. É disso que falaremos no próximo capítulo.

11 | Além do ano 2000

Um dos objetivos primários da física é entender a maravilhosa variedade da natureza de forma unificada.
STEVEN WEINBERG

Os limites da física

O século XX trouxe duas grandes revoluções científicas: a teoria da relatividade e a mecânica quântica. Pode-se dizer que nossa física começou com as leis de Newton somente porque somos lerdos, "magros" e grandes. A relatividade especial trata de casos gerais, nos quais a velocidade pode ser muito grande, próxima à da luz; a relatividade geral fala de situações em que os campos gravitacionais (e portanto as massas) podem ser arbitrariamente fortes; a mecânica quântica lida com variados tamanhos, inclusive os microscópicos. Como somos lerdos, "magros" e grandes, Newton voltou-se para casos particulares, em que as velocidades eram pequenas quando comparadas a c (a velocidade da luz), os campos gravitacionais eram suaves, e as dimensões eram grandes, quando contrapostas a h (a constante de Planck). A revolução do século XX apenas estendeu os limites da física newtoniana (que hoje chamamos física clássica), ampliando-a para novos domínios.

As duas teorias, contudo, colheram vários louros de sucesso. Com a relatividade geral, por exemplo, conseguimos perscrutar o Universo; com a mecânica quântica, chegamos mais perto da natureza da matéria. As idéias de Planck, Einstein, Rutherford, Bohr, Dirac, Pauli, Schrödinger, Heisenberg e tantos outros nos permitiram visualizar o que se passa nos recônditos atômicos e imaginar aquele a-tomo inicialmente pensado por Leucipo e Demócrito. Ainda no domínio cosmológico, foi a mecânica quântica que nos levou a entender o surgimento da matéria nos instantes iniciais do Universo e sua conseqüente organização — a que vemos nos dias de hoje.

Um feliz subproduto desse conhecimento agudo da natureza da matéria e da energia nos permitiu olhar para o céu noturno e entender as estrelas.

As duas teorias hoje estão bem estabelecidas, já foram comprovadas. Mas infelizmente elas não concordam em alguns detalhes. Guimarães Rosa certamente não foi o primeiro a dizer que "Deus está nos detalhes", mas permito-me parafraseá-lo. Em nosso caso, a natureza está nos detalhes. Prosseguindo no domínio da literatura, o poeta Affonso Romano de Sant'Anna complementa: "os detalhes podem ser demoníacos".

O detalhe em questão, a maior "pequena lacuna" que a história do conhecimento físico já viu, está na tabela de bósons do capítulo anterior. Se existem quatro forças na natureza, por que só há três colunas na tabela? Onde está o bóson que transmite a interação gravitacional?

Outras dimensões

Onde está o *quantum* gravitacional? Ou, ainda, como lidar com a gravitação quando falamos de coisas muito pequenas? Tanto a singularidade do buraco negro como a do *Big Bang*, pelo seu tamanho microscópico, exigem um tratamento quântico, embora sejam objetos previstos pela relatividade geral. Como um ídolo de pés de barro, a relatividade traz em si suas próprias limitações.[1]

Einstein sabia disso e dedicou os últimos 30 anos de sua vida à busca de uma teoria de unificação. Ele pretendia unificar tão-somente a relatividade geral ao eletromagnetismo (a força da gravidade e a eletromagnética eram as duas únicas forças conhecidas na época em que ele começou a desenvolver seus trabalhos, final da década de 1920). Antes dele, porém, dois outros cientistas já haviam iniciado esse caminho.

O matemático alemão Theodor Kaluza (1885-1954) vislumbrou em 1921 um método bastante incomum para unificar as equações da gravitação de Einstein com as do eletromagnetismo de Maxwell, e fez isso recorrendo a uma outra dimensão. A partir da relatividade de Einstein, as três dimensões espaciais (largura, comprimento e altura, ou simplesmente x, y e z) uniram-se à dimensão temporal (o tempo, t) formando o que hoje chamamos coloquialmente de espaço-tempo. Kaluza postulou a existência de uma outra dimensão espacial, transformando o espaço-tempo em algo pentadimensional (quatro espaços e um tempo).

A matemática envolvida no processo é muito bonita, mas um pouco árdua. Ao final, Kaluza mostrou que, se houvesse realmente essa quarta dimensão espacial, a gravitação e o eletromagnetismo seriam casos particulares de uma única teoria,

---

[1] Diferentemente do eletromagnetismo de Maxwell, que deu origem à QED, a gravitação de Einstein é uma teoria não-renormalizável, isto é, não se podem cancelar as quantidades infinitas que aparecem na fórmula $(1/r^2)$ quando o raio é nulo.

ou seja, as forças de gravidade e eletromagnética seriam diferentes aspectos de uma única força. O grande demérito da idéia era ignorar por completo a física quântica. Nessa teoria, as partículas eram tratadas como entidades clássicas que respeitavam as leis de Newton. Além do mais, Kaluza não soube precisar a natureza dessa quarta dimensão espacial. Se ela é real, por que não a percebemos?

O físico sueco Oskar Klein (1894-1977) contornou o problema, ao postular que a dimensão extra existia de forma compacta. O que é uma dimensão compacta? Vamos imaginar um tubo, um encanamento qualquer. Em sua superfície bidimensional vive um ser qualquer — um inseto, por exemplo. Esse inseto tem dois graus de liberdade, justamente porque seu mundo é bidimensional. Ele pode se mover "para cima ou para baixo" (um grau de liberdade) e "para a direita ou para a esquerda" (outro grau). Agora vamos exercer nosso poder supremo e lentamente diminuir o diâmetro do tubo. O cano em que vive o inseto começa a ficar cada vez mais estreito, cada vez mais fino, e de repente o morador daquele mundo bidimensional perde um de seus graus de liberdade. O tubo transforma-se num fio de cabelo, por exemplo, e o inseto agora só pode se mover "para cima ou para baixo". Uma das duas dimensões originais tornou-se compacta.

Esquema da compactação

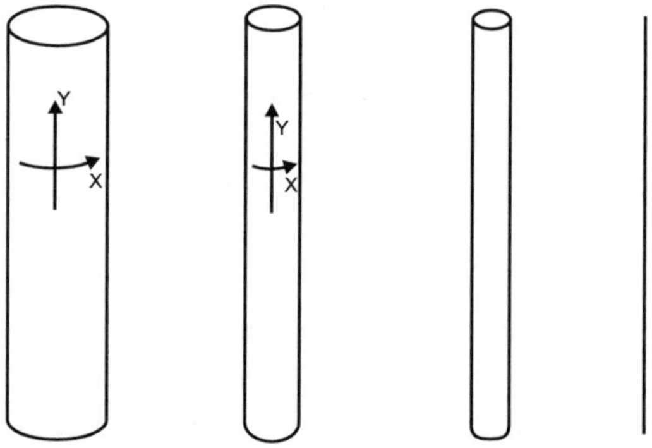

À medida que o cilindro fica cada vez mais estreito, ele vai perdendo seus atributos bidimensionais. No limite final, o cilindro se transforma numa linha com uma dimensão apenas: a segunda dimensão foi compactada.

Klein defendeu a idéia de que a dimensão extra de Kaluza era compacta: um tubo longo e flexível, com 10^{-35}m de diâmetro. Se fôssemos traduzir esse número para a nossa linguagem, diríamos que a dimensão compacta de Klein tem um centésimo de um quatrilhonésimo de um quatrilhonésimo de um milímetro!

A escala de Planck

O comprimento de Planck é 10^{-35}m. Esse valor é obtido por meio de uma hábil manipulação de três constantes fundamentais: *h*, a constante de Planck, c, a velocidade da luz, e G, a constante de gravitação:

$$\sqrt{\frac{hG}{c^3}}$$

A fórmula pode parecer arbitrária, mas é o único jeito de juntar *h* (que é medido em $kg.m^2/s$), c (m/s) e G ($m^3/s^2.kg$) e obter um resultado medido em metros. Esse valor é a menor divisão espacial possível, o *quantum* de posição, o a-tomo de espaço. O nome próprio (mas pouco usado) do comprimento de Planck é métron.

Manipulando as constantes de forma diferente, podemos obter um intervalo temporal, o intervalo de Planck, ou crônon:

$$\sqrt{\frac{hG}{c^5}}$$

O valor numérico dessa equação é 10^{-43}s (um número tão pequeno que nem tentarei traduzir para o português).

O métron e o crônon fazem parte do que chamamos de "escala de Planck".

Einstein volta à carga

A descoberta das interações nucleares fraca e forte mostrou que era preciso ainda muito mais para unificar todas as forças da natureza. As idéias originais de Kaluza e Klein foram abandonadas, ressurgindo somente na década de 1970, para impulsionar o que hoje chamamos de teoria das cordas. Falaremos mais adiante sobre isso.

Para Einstein, à época, a solução original de Kaluza era um importante passo. Ele chegou a afirmar: "À primeira vista, gosto muito da idéia." Mas em 1931 Einstein já achava "anômalo substituir um continuum quadridimensional por um continuum pentadimensional e em seguida obstruir artificialmente uma dessas cinco dimensões para explicar o fato de ela não se manifestar".

Juntamente com Walther Mayer (1887-1948), Einstein formulou uma teoria, segundo ele "psicologicamente ligada à de Kaluza", mas que evitava a criação da dimensão espacial extra. Se, para Kaluza e Klein, a quinta dimensão existia e era compacta, para Einstein ela era apenas um artifício matemático que permitia escrever as equações do campo gravitacional e do campo eletromagnético de forma unificada. Como os resultados não eram satisfatórios, ele voltou às idéias de Kaluza e Klein. Mas, depois de usá-las para fazer algumas previsões matemáticas que não se comprovaram, acabou abandonando de vez as teorias pentadimensionais.

Uma comparação muito bonita, obtida no livro de Abraham Pais, *Sutil é o Senhor*, descreve bem o calvário de Einstein rumo à teoria do campo unificado: "na jornada científica final, [Einstein] foi como um viajante que é compelido a fazer muitas mudanças em seus meios de transporte para atingir o porto de destino — e nunca o atingiu". Além da abordagem pentadimensional, Einstein tentou fazer uma abordagem tensorial, proposta por Hermann Weyl (1885-1955), e outra, em que introduziu um conceito matemático chamado "paralelismo absoluto". Essas e outras tentativas estão muito bem descritas (ainda que em descrição matemática) no capítulo 17 do livro de Pais.

O condensado de Bose-Einstein

Enquanto buscava obstinadamente uma teoria que unificasse gravidade e eletromagnetismo, Einstein deu sua última grande contribuição à ciência.

Vimos que os bósons não obedecem ao princípio de exclusão de Pauli; portanto, vários deles (infinitos) podem ocupar o mesmo estado quântico. Einstein, em 1924, mostrou que os átomos (ainda que compostos por férmions, quarks e elétrons) podem se comportar como bósons. Ou seja, é possível que átomos de um gás ocupem todos um único estado quântico.

Bose e Einstein chegaram conjuntamente à conclusão de que, próximo do zero absoluto, os átomos coalesceriam, ou seja, se agrupariam num aglomerado microscópico e se tornariam todos indistinguíveis. Esse "superátomo", o condensado de Bose-Einstein, é o quinto estado da matéria (os outros quatro são, em ordem crescente de temperatura: sólido, líquido, gás e plasma).

Apesar de ter sido descrito teoricamente em 1924, o condensado de Bose-Einstein só foi obtido em laboratório em 1995, primeiro na Universidade do Colorado, nos Estados Unidos. O site "oficial" do condensado de Bose-Einstein que descreve a experiência pioneira é: http://www.colorado.edu/physics/2000/bec/.

O bóson de Higgs

Até agora se formou um quadro que parece depreciativo em relação à relatividade. Nós nos concentramos em seu autor e na sua busca infrutífera para unificar as forças da natureza, respondendo a certas perguntas básicas. Por que a relatividade não prevê a natureza quântica dos campos gravitacionais? Por que ela não se presta a uma quantização? O que há de errado com a gravidade? Não é bem assim. O ponto de união entre essas duas teorias se encontra no meio do caminho. Afinal, nem tudo são flores na mecânica quântica...

Encerrei o capítulo anterior resumindo o modelo padrão e chamando a atenção para a ausência do bóson intermediário relativo à força da gravidade. Podemos até ficar com a impressão de que tudo vai bem com o modelo padrão, mas isso não é verdade.

O modelo padrão é apenas isso: um modelo. Não é uma teoria completa, pois falha nas previsões. Por que existem três gerações de partículas análogas (e não cinco, 17 ou simplesmente uma)? Grande parte das propriedades de todas as partículas tem que ser medida nos grandes aceleradores, pois o modelo padrão não as define. Haveria uma teoria mais fundamental do que isso?

O modelo padrão é uma teoria quântica de campos, pois estes constituem seus ingredientes básicos (como os campos eletromagnéticos) e são quantizados (ou seja, compostos por a-tomos). Há os campos de bósons (intermediários das forças), os campos de léptons (cujos a-tomos são os elétrons, os múons, os taus e os três diferentes tipos de neutrinos) e também os de quarks (seis quarks distintos).

Esse "zoológico" de partículas não segue qualquer padrão conhecido. A razão entre a massa do quark mais pesado (o *top*) e o lépton mais leve (o neutrino) é de mais de um bilhão. Por que isso é assim, o modelo padrão não diz. É preciso criar um campo adicional, puramente escalar (ou seja, sem direção e sentido), para que o modelo padrão incorpore essa variedade tão grande na massa de suas partículas. O a-tomo desse campo escalar chama-se bóson de Higgs, em homenagem ao físico que o inventou, Peter Higgs (1929).

A interação dos demais campos com o campo escalar de Higgs confere massa às partículas. A analogia não é original, mas extremamente útil: imagine uma festa (campo) cheia de gente (a-tomos). De repente chega uma celebridade (o bóson de Higgs). As pessoas logo cercam essa celebridade, se aglomeram ao seu redor. Ou seja, os a-tomos de um certo campo, ao responder ao bóson de Higgs, se comportam de tal maneira a formar uma "aglomeração", uma estrutura que chamamos massa. Higgs chamava esse processo de "quebra de simetria", termo que usamos até hoje.

Simetria

Pitágoras traduzia "simetria" por beleza. Em física, o conceito pode ser resumido pela possibilidade de se introduzirem alterações num sistema, sem modificá-lo de verdade. Por exemplo, uma bola de bilhar possui simetria esférica, porque podemos girá-la em torno de qualquer eixo sem alterar sua concepção fundamental (é claro que, se houver um número pintado em sua superfície, a simetria foi de certa forma quebrada).

Há um teorema de autoria de Emmy Noether (1882-1935), segundo o qual a cada simetria contínua das leis físicas corresponde uma lei de conservação. Assim, sistemas que apresentam simetria espacial (translacional) — isto é, embora movidos pelo espaço, ainda assim permanecem inalterados — obrigatoriamente obedecem à lei de conservação de momento. À simetria rotacional (como o caso da bola de bilhar) corresponde a conservação de momento angular; à simetria temporal, a conservação da energia.

As simetrias em mecânica quântica são mais obscuras, menos diretas, mas também correspondem a importantes leis de conservação. Por exemplo, a função de onda de Schrödinger é representada por números complexos que, por sua vez, existem num plano. Isso acarreta uma "simetria de fase" (se partimos de uma direção qualquer, tanto faz girarmos 30°, 390° ou 1.470°, a direção final é a mesma) que nos dá a conservação de carga elétrica.

Se todos os férmions são idênticos, há simetria no campo fermiônico. A partir da interação com o bóson de Higgs, cada férmion ganha sua massa característica, e, assim, a simetria é quebrada. Desse modo nascem o massivo quark *top* e o fantasmagórico neutrino. A diferença entre as massas das partículas é dada pela "força de acoplamento". Quanto maior essa "força", maior a interação com o campo de Higgs, e, portanto, maior a massa que a partícula ganha.

Isso acontece também com os bósons. Por exemplo, a "força de acoplamento" do fóton é nula, e por isso ele não tem massa. Os bósons fracos (W e Z) e os glúons têm massa.

Supersimetria

Em 1974 Abdus Salam (um dos pais do modelo padrão) e John Strathdee cunharam o termo "supersimetria" (SUSY, da sigla em inglês). Nela, a cada bóson corresponde um

→

férmion, a cada férmion, um bóson. Como se já não houvesse partículas suficientes, a supersimetria prevê a existência do fotino (férmion correspondente ao fóton) e dos squarks ("s"-quarks, bósons correspondentes aos quarks), por exemplo. Tais partículas jamais foram observadas, mas a busca prossegue nos grandes aceleradores.

A supersimetria descrita aqui em poucas linhas pode parecer uma complicação adicional (afinal, prevê tantas novas partículas). Mas não é assim. Na verdade é uma hipótese bela e simplificadora, pois a partir dela poderíamos tratar todas as partículas (férmions e bósons) a partir de uma mesma base. Além do mais, como vimos, uma simetria implica uma lei de conservação, o que tornaria mais simples o tratamento matemático dos inúmeros sistemas de partículas.

Cordas

Há vários caminhos sendo trilhados rumo à unificação de todas as forças. O mais óbvio tem-se mostrado árduo. Até agora não conseguimos descrever o campo gravitacional com um formalismo quântico. Ninguém ainda deu o salto análogo ao de Planck em 1900.

Porém há um tratamento novo e extremamente elegante que trata as partículas, todas elas, como "modos de vibração" de entidades físicas reais, porém microscópicas, chamadas prosaicamente de "cordas".

"Modos de vibração?!?"

Não deve ser novidade para o leitor o fato de que um instrumento como o violão, com seis cordas apenas, seja capaz de reproduzir toda a escala musical. Não somente todas as notas, mas todas elas em diferentes oitavas. Os sons diferentes vindos de uma mesma corda denunciam modos de vibração distintos.

Pitágoras (novamente ele) talvez tenha sido o primeiro teórico dessas entidades, ao perceber que as cordas de uma lira apresentavam uma organização harmoniosa que ele relacionava aos seus comprimentos. Vimos no capítulo 2 que o esquema pitagórico do mundo tentava ampliar esse conceito para o Universo como um todo.

Quando Yochiro Nambu postulou a existência de uma força responsável pelo confinamento dos quarks, chegou a dizer que o processo ocorria como se os quarks estivessem amarrados por cordas elásticas. O modelo padrão explica essa força entre os quarks com os glúons, como vimos no capítulo anterior.

Nambu — que, por ter inventado o conceito de cor, é um dos pais do modelo padrão — insistiu na idéia das cordas e foi mais além: seu foco transferiu-se dos quarks para as cordas. Para ele os quarks não eram exatamente partículas, mas sim as extremidades dessas cordas microscópicas.

As cordas originais de Nambu são chamadas de cordas bosônicas, porque substituíam os glúons, que são bósons. Algumas considerações matemáticas que incorporavam às cordas fatos vindos tanto da mecânica quântica quanto da teoria da relatividade mostravam que as cordas bosônicas só seriam estáveis num espaço de 26 dimensões. A "navalha de Ockham" apontava na direção do modelo padrão...

Curiosamente, porém, um estudo cuidadoso dos modos de vibração das cordas originais mostrava que elas também descreviam outras partículas bosônicas que não os glúons. Pela massa e pelo *spin* calculados, as cordas bosônicas podiam ser usadas para descrever o fóton (massa e *spin* nulos) e uma outra partícula desconhecida, de massa nula e *spin* 2.

Massa zero e *spin* 2 eram as características exatas que o modelo padrão previa para o bóson da gravidade. Seria possível que a teoria das cordas estivesse prevendo a existência dos grávitons?

Supercordas

As cordas bosônicas não eram todas iguais entre si. Havia as abertas (extremidades soltas) e as fechadas (laços); as orientáveis (a direção da propagação da vibração influenciava no resultado final) e as não orientáveis. Conjugando essas características, formavam-se quatro famílias distintas de cordas, todas sofrendo do mesmo mal: existiam necessariamente em 26 dimensões.

É verdade que as cordas têm um subproduto agradável, o gráviton. Mas as quatro famílias de cordas bosônicas previam também a existência de partículas mais velozes que a luz, batizadas de táquions (do grego *tachus*, "rápido"). Isso era embaraçoso, pois a relatividade proibia a existência desse tipo de partícula.

O físico norte-americano John Schwarz (1941), numa valente tentativa de unir as idéias da supersimetria com as cordas, passou a estudar o caso de cordas generalizadas, que pudessem descrever todas as partículas, e não apenas os bósons. O acréscimo dos férmions introduzia condições de contorno mais complicadas, porque eles obedecem ao princípio de exclusão de Pauli.

Incrivelmente as complicações matemáticas trazidas pelos férmions acabavam simplificando a teoria final. Para que as cordas supersimétricas fossem estáveis, elas precisavam existir em dez dimensões (e não mais nas 26 originais das cordas de Nambu). Certo, ainda eram seis dimensões a mais que o nosso mundo quadridimensional, mas o caminho parecia promissor. Além disso, as cordas supersimétricas ignoravam por completo os táquions, de acordo com a relatividade. Surgiam assim as supercordas.

Para elas continuava valendo aquelas diferenciações das cordas bosônicas (aberta ou fechada, orientável ou não); além disso, havia um outro atributo intrínseco aos férmions, de modo que há cinco teorias diferentes de supercordas: tipo I, tipo IIA, tipo IIB, heterótica E (HE) e heterótica SO (HO). Esses nomes extremamente árduos foram criados a partir de características e propriedades matemáticas que diferenciam as supercordas entre si. Todas elas, porém, concordam ao descrever o gráviton.

Das diferentes supercordas listadas acima, a do tipo I é a única aberta. Essas espécies de corda não são orientáveis e são as únicas abertas possíveis (ou seja, ao contrário das bosônicas, não há um tipo de supercorda aberto e orientável).

As cordas fechadas do tipo IIA, orientáveis, mostraram-se simétricas demais para descrever o mundo real. Isso porque, nessa teoria, os parceiros supersimétricos são imagens especulares um do outro, e o mundo real aparentemente privilegia certas orientações para algumas partículas. Por exemplo, todos os neutrinos do Universo são levógiros. A propriedade física que distingue uma orientação para a esquerda (levógira) de uma orientação para a direita (destrógira) chama-se quiralidade, e as supercordas do tipo IIA são qualificadas como não-quirais.

Surgiram então na mente dos teóricos as supercordas do tipo IIB. Elas são fechadas, orientáveis e quirais. Isso quer dizer que as partículas e seus parceiros supersimétricos não precisam apresentar as duas orientações.

Nenhuma das três teorias descritas acima apresenta o que chamamos em física de simetria de *gauge* (ou simetria de calibre). Tal simetria está presente nas teorias quânticas estabelecidas para as forças eletrofraca e forte. Como qualquer simetria, a de *gauge* descreve a invariância de um sistema físico em relação a alguma alteração na configuração original. Nesse caso específico, a simetria de *gauge* está ligada aos valores das cargas de força (sejam elas eletromagnética, nuclear fraca ou nuclear forte).

Ora, se as supercordas em questão não apresentam simetria de *gauge*, elas não podem ser usadas para descrever os campos bosônicos eletrofraco e forte. Essas supercordas descrevem o gráviton, mas não os fótons, os bósons fracos e os glúons. Logo, não são boas candidatas à teoria unificadora.

Cordas heteróticas

Em 1984 uma nova revolução surgiu no mundo das supercordas. Seu líder informal foi Edward Witten (1951). Graduado em história e após uma breve carreira jornalística, Witten decidiu fazer pós-graduação em física. Abraçou a idéia das cordas de Nambu e Schwarz e ainda foi além.

Como era possível separar os modos de vibração levógiros e destrógiros, tratando-os de forma independente, Witten resolveu jogar tudo para o alto, voltar ao começo e misturar as cordas bosônicas originais com as supercordas mais modernas. Em outras palavras, foi criado um híbrido que vibrava para um lado, como uma corda bosônica, e na direção oposta, como uma supercorda. Esse híbrido foi batizado de corda heterótica.

Vigor híbrido

A maioria dos textos associa o termo heterótico a uma palavra grega, *heterosís*, "vigor híbrido". Não sei dizer quando esse erro começou a ser propagado, ou mesmo sua origem.

Heterosís não é uma palavra grega, e sim uma palavra em inglês, que se traduz por heterose. É um termo técnico pertencente à biologia, e é definido pelo dicionário Aurélio como "estado em que a primeira geração dum híbrido é mais forte que qualquer das raças paternas". No jargão biológico, o fenômeno da heterose também é chamado de "vigor híbrido".

Provavelmente Witten tomou emprestada a palavra *heterosís*, já estabelecida na biologia, para cunhar o adjetivo heterótico.

As cordas heteróticas são bastante complicadas, uma vez que seu "lado bosônico" deveria existir em 26 dimensões, enquanto seu "lado fermiônico" existe em apenas dez. Mas há construções matemáticas que contornam esse problema, de modo que as cordas heteróticas atualmente estão bem estabelecidas em dez dimensões apenas. Há dois tipos diferentes de teorias heteróticas (HE e HO), que discordam apenas no tipo de simetria de *gauge*. Ambas, porém, descrevem as quatro forças existentes na natureza.

Até meados dos anos 90, achava-se que uma das cinco teorias de cordas era a verdadeira "teoria de tudo". As outras quatro seriam belas construções matemáticas, sem vínculo algum com a realidade. Das cinco, a melhor candidata parecia ser a das cordas heteróticas HE. Hoje sabemos que esse quadro é um pouco mais complicado...

Na verdade, as cinco teorias distintas — os cinco tipos de cordas diferentes — devem ser vistos como casos particulares de uma teoria fundamental, esta sim, a verdadeira "teoria de tudo". Para entendermos como essas teorias se relacionam, precisamos falar das dualidades.

Dualidades

Em nosso lento caminhar rumo à física dos dias de hoje, já esbarramos com o conceito de dualidade. Bohr chamava-o de complementaridade, e explicava que a radiação eletromagnética poderia ser entendida como uma onda ou como um feixe de partículas. Louis de Broglie estendeu a idéia à matéria, e hoje sabemos que a natureza do mundo microscópico é dual: onda e partícula.

As cordas apresentam duas dualidades independentes. Talvez por falta de imaginação, os físicos chamam-nas de dualidade T e dualidade S.

A dualidade T está relacionada ao tamanho típico das dimensões extras existentes no Universo. Que elas (as dimensões) são compactas, não há dúvida. Mas quão compactas precisam ser? A matemática do problema aponta uma dualidade que relaciona o tamanho das cordas ao tamanho das dimensões compactas. Em última análise, são idênticos os resultados obtidos com cordas muito maiores que as dimensões compactas e com cordas muito menores do que elas.

Uma pergunta que se pode fazer agora é: como é possível existir uma corda maior do que a dimensão que a contém? Ora, devemos lembrar que as cordas podem ser enroladas e, portanto, originalmente maiores do que as dimensões extras. Ainda assim elas podem existir confortavelmente nesse "subespaço".

Na dualidade quântica proposta por Bohr, tanto faz pensarmos que os objetos microscópicos são constituídos por ondas ou partículas. Na dualidade T das cordas, tanto faz pensarmos que elas são muito maiores ou muito menores que as dimensões compactas extras. Os resultados são idênticos de um jeito ou de outro.

A dualidade T relaciona as cordas do tipo IIA e IIB, algo bastante notável, visto que há uma grande diferença entre elas (o problema da quiralidade, como já vimos). Essa dualidade também relaciona as cordas heteróticas HE e HO.

A dualidade T é algo que só aparece na física das cordas, e talvez por isso possa causar um estranhamento ao leitor (certamente me surpreendi quando ouvi falar disso pela primeira vez). E por que é assim? Ora, na física de partículas convencional, os objetos de estudo são considerados pontos. Logo, por mais compactas que as dimensões extras possam ser, elas sempre serão maiores que as partículas. Como as cordas têm um comprimento (por menor que ele seja), devemos estar atentos para a relação entre o tamanho da corda e o tamanho da dimensão que as contém.

A outra dualidade apresentada pelas cordas, a S, é mais inusitada ainda. Ela trata do acoplamento entre as partículas. "Acoplamento" é um jeito pomposo de descrever a força que une dois corpos. Assim, numa fórmula matemática qualquer, que descreva uma força entre dois corpos, deve haver uma constante de acoplamento que nos diz quão intensa é a força. A constante de acoplamento mais conhecida é a constante gravitacional, G, medida por Cavendish com sua balança de torção em 1798. Essa é a constante de acoplamento da força gravitacional.

Se as cordas descrevem todas as forças do Universo, elas têm forte relação com as constantes de acoplamento. Mas cada uma das cinco teorias de cordas possui diferentes constantes de acoplamento. O que se percebeu, já quase no século XXI, é que essas constantes são intercambiáveis, ou seja, uma teoria de cordas pode se transformar em outra por meio de uma mudança nas constantes de acoplamento. Isso é a dualidade S.

Brian Greene, no excelente livro *O Universo elegante*, apresenta uma analogia magistral: a descoberta de que as teorias de cordas distintas podem ser uma coisa só (dependendo dos valores das constantes de acoplamento) equivale à descoberta de que a água e o gelo (e também o vapor) são na verdade a mesma coisa, dependendo da temperatura.

Mas se, graças às dualidades, as cinco teorias distintas parecem ser aspectos particulares de uma teoria única, que teoria é essa?

Branas

Alguns cientistas mais brincalhões se referem à teoria das cordas como a "teoria anteriormente conhecida como cordas". De fato, "The theory formerly known as strings" é o título de um artigo do físico Michael Duff (1949), publicado na revista *Scientific American* de fevereiro de 1998. Provavelmente ele fazia alusão ao cantor norte-americano Prince, que durante um período da carreira trocou seu nome por um símbolo. O símbolo não era qualquer letra ou signo conhecido, e portanto ficava impronunciável. Os apresentadores de shows falavam: "*The artist formerly known as Prince*" (o artista anteriormente conhecido como Prince).

Hoje em dia a teoria das cordas é referida como "teoria M". Este M vem de "membrana", mas já o vi descrito como "mistério", "mágica", "mãe" e "matriz". E o que são as membranas?

Numa analogia com as cordas, as membranas são o próximo passo lógico em nosso caminho. De um objeto adimensional (uma partícula) passamos para um objeto unidimensional (uma corda). Se precisamos aumentar nossas possibilidades, se queremos generalizar ainda mais o problema, por que não pensarmos em objetos bidimensionais (as membranas)? Se todas as partículas vêm de cordas que vibram, e se nos defrontamos com vários tipos de cordas diferentes, por que não imaginarmos que as cordas — todas elas — se originam de objetos com mais dimensões, as membranas?

A idéia original das membranas pode ser atribuída a Edward Witten e seus estudos sobre a dualidade S. Witten defendia que uma transformação nas constantes de acoplamento poderia ser encarada, na verdade, como o surgimento de mais uma dimensão no objeto de estudo. As cordas fechadas deveriam ser vistas, não como laços de barbante, mas como uma câmara pneumática (como as de uma bicicleta, por exemplo). Essa nova dimensão se somava às dez já existentes, de modo que a teoria M precisava de 11 dimensões para funcionar.

Esse passo lógico não é tão simples assim e vem revestido por uma pesada matemática. Como os físicos adoram uma generalização, hoje em dia há outros tipos de membranas, de várias dimensões. Elas são coletivamente chamadas de branas, ou p-branas, onde o *p* denota a dimensionalidade. Uma membrana usual, como a pensada por Witten, é uma 2-brana (lê-se "doisbrana"). As cordas, nessa terminologia, podem ser chamadas de 1-branas, e as partículas, de 0-branas. Há soluções que chegam a usar até 5-branas.

D-branas

Uma classe especial de p-brana são as D-branas, em que o D é de Johann Lejeune Dirichlet (1805-1859), matemático francês.

Muito antes de existir a mecânica quântica, Dirichlet resolveu um problema matemático envolvendo certas funções (as funções harmônicas) que exigiam determinadas condições de contorno. Essas mesmas condições de contorno de Dirichlet aparecem numa solução específica das cordas.

As D-branas são p-branas que contêm as extremidades de cordas abertas.

Teoria M

Antes de a teoria das cordas surgir com força no cenário mundial da física, a melhor candidata a "teoria de tudo" era um sistema que unificava a gravidade às demais forças por meio da supersimetria. O que não faltava à "supergravidade" eram problemas. Um deles era o fato de existir em 11 dimensões. As sete dimensões extras deveriam ser compactadas em esferas de raio equivalente a um métron (o comprimento de Planck), resultando num Universo quadridimensional, exatamente como o nosso (três dimensões espaciais e uma temporal).

O grande problema da supergravidade é não ser renormalizável. Ou seja, partículas adimensionais pressupõem distância nula, e cálculos feitos com distância nula resultam em grandezas infinitas. Ao contrário das demais forças, esses valores infinitos não podem ser "varridos para debaixo do tapete".[2]

Mas a teoria de 11 dimensões resistiu, ressurgindo com força na forma da teoria M, uma teoria ampla e elegante que unifica as cinco diferentes teorias de cordas — que, por seus diferentes modos de vibração, explicam a pluralidade de partículas existentes do mundo. Se a teoria M estiver correta, estamos muito próximos do sonho derradeiro de todos os físicos: explicar o Universo de maneira unificada.

Mas a teoria M não está pronta. Alguns físicos falam dela como uma "teoria desconhecida". Outros, ainda, não reconhecem a unificação das cordas, mas mesmo assim se referem a uma "teoria de tudo" como "teoria M" (e aí o "M" poderia ser de "mistério"...). Ao leitor, recomenda-se atenção para identificar em textos diversos o verdadeiro significado do termo "teoria M".

Outros caminhos

Há porém outras estradas que podem levar à física unificada. Como já foi dito, o caminho usual continua sendo testado. Uma grande quantidade de físicos e matemáticos se debruça sobre as equações de campo descritas por Einstein, numa tentativa de torná-las compatíveis com o formalismo da mecânica quântica.

Existe a teoria M, que pode ser a solução definitiva. E há uma abordagem ainda pouco ortodoxa, mas bastante elegante, que busca um novo caminho para a unificação das forças da natureza...

A gravidade, como sabemos desde Newton e desde o capítulo 4, é uma força do tipo $1/r^2$. Isso quer dizer que, se dois corpos exercem uma certa força gravitacional entre si, estando a um metro de distância um do outro, basta colocá-los a 10cm para que essa força seja 100 vezes maior. A 1cm, a força torna-se 10 mil vezes mais intensa do que a força original; a 1mm de separação, a força será um

[2] Richard Feynman, um dos pais da QED, descrevia assim seu mérito ao Prêmio Nobel: "Por ter varrido alguns infinitos para debaixo do tapete." Fez isso ao provar que a eletrodinâmica quântica era uma teoria renormalizável.

milhão de vezes maior. E poderíamos prosseguir aproximando os corpos. Cada vez que dividíssemos a distância por dez, multiplicaríamos a força por 100. A força gravitacional só se tornará tão intensa quanto as demais quando os corpos estiverem a um métron de separação, justamente na escala de Planck.

E se a força da gravidade crescesse de acordo com outra fórmula, de modo que a cada divisão por dez na distância ela fosse multiplicada por mil, dez mil, um bilhão? Isso equivale a dizer que sua fórmula deveria ser proporcional a $1/r^3$, $1/r^4$ ou $1/r^6$, respectivamente. Afinal, por que a fórmula tem que ser $1/r^2$?

O coeficiente desta fórmula (o número 2) está intimamente ligado à quantidade de dimensões espaciais existentes no Universo. Isso acontece porque a gravidade e o espaço afetam-se mutuamente. O coeficiente da fórmula é exatamente N-1, onde N é o número de dimensões espaciais. No nosso Universo de três dimensões, o expoente é obrigatoriamente 2. Se existissem criaturas planas, que vivessem em um mundo bidimensional, o "Newton" deles chegaria à seguinte fórmula da gravidade: $1/r$.

Assim, se quisermos usar outros expoentes em nossas fórmulas, precisamos admitir a existência de outras dimensões. Se, em vez de usarmos 2, usássemos 3? A gravidade, agora proporcional a $1/r^3$, cresceria mais rápido. Para se unir às demais forças, na energia prevista pelas Teorias de Grande Unificação (GUTs, da sigla em inglês), esse "crescimento acelerado" deveria acontecer a partir de distâncias da ordem de uma unidade astronômica (distância média entre a Terra e o Sol). Traduzindo, isso quer dizer que o Universo como um todo até pode ter apenas três dimensões espaciais, mas que qualquer sistema físico menor do que 1UA deveria necessariamente existir em quatro dimensões espaciais, para que a partir desta escala valha a fórmula $1/r^3$. A dimensão extra é uma dimensão compacta, mas sua compactação não é microscópica.

Como nós sabemos que a gravidade, no sistema solar todo, varia segundo o inverso do quadrado da distância, o 3 não é um bom coeficiente. Se usássemos o 4 (duas dimensões extras), veríamos que essas dimensões deveriam se fazer notar a partir de cerca de 1mm. Incrivelmente esse é o limite empírico do conhecimento atual sobre a gravidade. A força gravitacional entre corpos separados por distâncias submilimétricas jamais foi medida, e continuamos usando a fórmula $1/r^2$ simplesmente porque nunca tivemos nenhuma necessidade de descartá-la. E quanto mais dimensões usarmos, mais extrema é a sua compactação.

Nesse cenário, a única força que percebe essas dimensões adicionais é a gravidade. Todas as outras forças — e todas as partículas — estão confinadas a uma "parede" tridimensional. Isso pode parecer arbitrário, mas há muitos casos físicos simples em que há esse "confinamento". Por exemplo, quando jogamos uma pedra num lago, as ondas formadas se espalham pela superfície (uma "parede" bidimensional), e não por todo o espaço tridimensional possível.

Para que essa abordagem se prove correta, é preciso que se meça a força da gravidade em distâncias submilimétricas. Os experimentos estão em andamento, mas nada ainda foi provado.

Procurando grávitons

Ainda há o que eu costumo chamar de "abordagem de força bruta". A unificação das forças pode ser resumida à existência do gráviton. Se todas as forças são aspectos distintos de uma mesma grandeza, então todas devem ser descritas de forma análoga, por meio de equações de campos quantizados. Ou seja, a gravidade precisa ser descrita como uma troca de partículas entre os corpos. Essas partículas são os grávitons.

Se a gravitação é quantizada, os grávitons existem. Se os grávitons existem, a gravitação é quantizada. Até agora encaramos esse problema do ponto de vista teórico. Vimos várias tentativas de descrever o campo gravitacional de maneira quantizada (e, conseqüentemente, de provar a existência do gráviton). Numa abordagem de "força bruta" faz-se o caminho inverso. Alguns laboratórios estão tentando provar a existência dos grávitons, o que provaria que a gravidade pode ser descrita pela mecânica quântica (mesmo que ainda não saibamos fazê-lo). O mais importante desses laboratórios é o LIGO.

LIGO quer dizer Laser Interferometer Gravitational-wave Observatory, (Observatório de Ondas Gravitacionais por Interferometria a Laser). Sua missão é detectar distorções no próprio espaço-tempo que o contém (e nos contém a todos). Essas distorções são chamadas de "ondas gravitacionais", e se elas forem detectadas, estaremos mais próximos de uma teoria de gravitação quântica.

Das forças quantizadas, a que conhecemos melhor e há mais tempo é a força eletromagnética. Sabemos que seu bóson intermediário é o fóton. O fóton que "carrega" a força eletromagnética é chamado de fóton virtual, simplesmente porque ele não pode ser medido (observado) de forma independente, estando sempre ligado a um sistema de cargas (justamente as cargas que produzem o campo eletromagnético). Mas há os fótons reais, os a-tomos da onda eletromagnética, pacotinhos de energia, "pedaços de luz".

Por analogia, se a força gravitacional for quantizada, passaremos a falar de seu bóson intermediário, o gráviton. O gráviton do campo gravitacional é um gráviton virtual. Mas, ainda por analogia, se existem grávitons virtuais, devem existir também os reais. Esses grávitons reais quantizam a onda gravitacional, uma flutuação na geometria do espaço-tempo, conceito já previsto por Einstein. A idéia de quantizá-la é mais recente.

A grande maioria dos textos sobre a gravitação de Einstein nos apresenta o espaço-tempo representado por uma grade plana. A presença da matéria distorce esse plano, e é a resposta das massas em geral a essa distorção que chamamos de força de gravidade. Pois bem, o exemplo pode ser refinado. À medida que os corpos se movem por sobre a grade (já não tão plana), eles produzem ondulações, como um barco que navega por águas calmas. Essas ondulações são distorções no próprio espaço-tempo, as tais ondas gravitacionais.

Para que as ondulações sejam percebidas, é necessária uma perturbação muito violenta no espaço-tempo, um evento estelar cataclísmico, por exemplo. Mas isso acontece com certa freqüência pelo espaço, e então deve haver ondas gravitacionais se propagando por todos os lados. Elas nunca formam medidas e portanto são apenas uma boa idéia (como muitas outras que Einstein já teve). A detecção dessas ondas iria trazê-las para a realidade e criar mais um elo entre a gravidade e o eletromagnetismo, ajudando a causa da unificação.

O LIGO — que fica no interior do estado de Washington, nos Estados Unidos — consiste em dois longos corredores, de 4km, formando um L. O tamanho preciso desses corredores será constantemente monitorado por interferometria a laser. Algo bastante parecido com o que Michelson e Morley fizeram em 1887. Se o tamanho do corredor mudar por qualquer motivo, as ondas luminosas produzirão um padrão de interferência. A técnica da interferometria a laser permite medir uma alteração de tamanho menor do que um único núcleo atômico.

Se houver qualquer ondulação no espaço-tempo, os aparelhos do LIGO registrarão isso como uma alteração no comprimento de seus corredores, e estará comprovada a existência das ondas gravitacionais. A fim de descartar qualquer influência do meio local (por exemplo, sutis tremores de terra, que podem até ser causados por carros e caminhões), um laboratório semelhante foi construído na Louisiana, a mais de 3.000km de distância. Como as ondas gravitacionais vêm do espaço distante, os dois laboratórios devem medir os mesmos efeitos.

O LIGO não só representa o derradeiro teste da relatividade geral, como também é um observatório pioneiro, que permitirá a observação de objetos celestes de um modo totalmente novo. Além do mais, se as ondas gravitacionais tiverem sua existência comprovada, mais um passo terá sido dado rumo à construção de uma teoria de gravitação quântica.[3]

---

[3] O LIGO foi inaugurado em 1999 e está em testes desde então. Sua página na internet é http://www.ligo.caltech.edu/.

O fim, enfim?

Como já foi dito no final do capítulo anterior, a unificação de todas as forças, uma verdadeira "teoria de tudo", é o Santo Graal da Física. E se de fato a natureza funciona assim — as quatro forças sendo aspectos distintos de um mesmo campo unificado —, nós iremos chegar lá. Isso pode demorar um ano ou um século, mas não tenho dúvidas de que chegaremos lá.

E o que fazer, então? Insistindo na analogia do Graal, o que fazer de posse do Santo Cálice? Isso a história medieval não conta... Os mais afoitos poderiam proclamar "o fim da física". A unificação seria o destino final que, uma vez alcançado, torna qualquer nova viagem sem sentido. Mas a história não aponta nessa direção...

Analogia do elefante

Como na clássica analogia do elefante, diferentes grupos de pesquisa estão vislumbrando diferentes pedaços de uma verdadeira "teoria de tudo".

Em 1900, William Thomson, lorde Kelvin, apresentou ao Royal Institute de Londres uma palestra intitulada "Nuvens do século XIX sobre a teoria dinâmica do calor e da luz". Nela, Kelvin defendia que a física de seu tempo estava prestes a terminar; o conhecimento sobre o mundo físico estava quase completo. Havia apenas "duas nuvens" pairando sobre as cabeças dos físicos: os resultados do experimento de Michelson e Morley e o espectro da radiação de corpo negro. Eram dois detalhes que cedo ou tarde seriam explicados, e então saberíamos tudo acerca de como o mundo funciona.

O leitor diligente sabe muito bem como Kelvin se enganou. O experimento de Michelson e Morley só foi compreendido de fato com o surgimento da relatividade (capítulo 7), e a radiação de corpo negro só foi entendida graças à mecânica quântica (capítulo 10). Ou seja, as "duas nuvens" de Kelvin deram origem às duas grandes revoluções da física do século XX.

Isso nos ensina que devemos ter cuidado em anunciar "o fim da física". Se afinal conseguirmos unificar todas as forças, será esse o destino de nossa jornada? Ou estaremos apenas abrindo uma porta rumo a uma nova era de conhecimento (e a todas as novas perguntas que ela nos trará)?

Estamos atualmente em busca de respostas e, portanto, não podemos nem supor que tipo de pergunta nos aguarda, se é que chegaremos lá. Há problemas mais imediatos que precisam ser resolvidos para que possamos nos considerar realmente estudiosos da natureza.

Até hoje não conseguimos fazer previsões do tempo acuradas para grandes períodos. Precisamos melhorar nosso conhecimento a respeito dos sistemas dinâmicos não-conservativos. Precisamos estudar sistemas que têm forte dependência das condições iniciais (o caos). Precisamos nos encarar no espelho e estudar a física da vida. Há um universo de possibilidades a serem exploradas, além da unificação de todas as forças.

A jornada rumo ao conhecimento é auto-suficiente. Mesmo que não cheguemos às respostas, o simples fato de estarmos procurando já nos satisfaz. Citando o famoso autor de ciências Isaac Asimov, "não é porque o conhecimento nos traz problemas que devemos apostar na ignorância para resolvê-los".

Devemos sempre alargar os limites da física, perscrutar as minúcias, investigar os detalhes.

Para onde vamos daqui? As possibilidades são incontáveis. Despeço-me com uma frase do poeta francês Paul Valéry... "O futuro não é mais o que costumava ser." E é bom que seja assim!

APÊNDICE

O sistema internacional

> A Conférence Générale des Poids et Mesures (CGPM), considerando que foi pedida, pela União Internacional de Física, ao Comité International des Poids et Mesures (CIPM), a adoção de um sistema prático de unidades internacionais de medida, ... instrui que o CIPM ... faça recomendações para que seja adotado um sistema de unidades de medida único e prático, a ser usado por todos os países signatários da Convention du Mètre.
>
> RESOLUÇÃO 6 DA 9ª CGPM, DE 1948

Quantitativamente...

Ao longo deste livro falamos muito de cientistas, idéias, conceitos e até (já me desculpei) de algumas equações. Falamos da física de forma qualitativa, nos concentrando em conceitos, e não em números. Mas se precisássemos quantificar as coisas, se precisássemos dar valor às forças, campos, distâncias, o que quer que fosse, precisaríamos para isso de um conjunto de unidades.

As unidades conferem significado físico a um número. É bastante óbvio que um metro é bem diferente de um segundo, e ambos pouco têm a ver com um grama. Assim, como Leibniz se preocupou em criar uma nova notação para a sua matemática, um sistema adequado de unidades teve que ser criado para que a física pudesse avançar.

As unidades básicas foram concebidas de acordo com as grandezas mais elementares: massa, comprimento e tempo. Mas não bastava criar unidades (a princípio, cada um pode criar seu próprio sistema de unidades. Eu, por exemplo tenho um "cherman" de altura, o que não esclarece em nada se sou alto ou baixo). O sistema que usamos hoje é conhecido como sistema internacional, ou simplesmente SI. Sua origem data da Revolução Francesa.

Aqueles tempos conturbados em Paris trouxeram muitas novidades no ramo da metrologia. Como parte do expurgo das coisas da realeza, os revolucionários criaram duas novas unidades de medida: o metro e o quilograma.

O metro substituiu a jarda e o pé, que eram as unidades de comprimento mais comuns daquela época. O quilograma aposentou a onça e a libra como unidade de massa. A unidade de tempo continuou sendo o segundo.[1]

As três unidades-base

A origem do metro está no final do século XVIII. Em 1791, logo após a Revolução, a Academia Francesa de Ciências definiu o metro como a décima milionésima parte do meridiano geográfico que passava por Paris. Os revolucionários construíram uma barra de platina que servia como padrão (que tinha 0,2mm a menos do que um metro tal como o definimos hoje). A definição atual está relacionada à velocidade da luz, uma constante universal. O metro é o comprimento percorrido por um raio de luz no vácuo, em 1/299.792.458 segundo.

Na mesma época em que foi criado o metro, definiu-se o quilograma: a massa de um decímetro cúbico de água. Em 1889, a primeira Conferência Geral de Pesos e Medidas (CGPM) construiu um modelo de platina e irídio que deveria ser considerado, a partir de então, a unidade de massa. O conceito de massa é um pouco dúbio em relação ao que mais se usa, o peso (as balanças, que medem peso, geralmente dão o resultado em unidades de massa). A terceira CGPM (1901) confirmou que o quilograma era uma unidade de massa, e é igual à massa do protótipo construído em 1889. Essa é a definição de quilograma que perdura até hoje.

O segundo foi originalmente definido como 1/86.400 do dia solar médio, cujo estabelecimento foi deixado aos astrônomos. (Um dia solar médio é o tempo que o Sol médio leva entre duas culminações superiores consecutivas. O Sol médio é uma projeção do Sol verdadeiro, que percorre o Equador Celeste com velocidade constante.) Em 1967, a décima terceira CGPM substituiu a definição astronômica pela atual, baseada no átomo: o segundo é a duração de 9.192.631.770 períodos da radiação correspondente à transição entre os dois níveis hiperfinos do estado fundamental do átomo de césio 133.

---

[1] O comitê revolucionário tentou criar um novo segundo, diferente do que já existia. O dia na França teria 10 horas, cada hora com 100 minutos, cada minuto com 100 segundos. A mudança entrou em vigor em 1793 e causou tamanha confusão que foi revogada em 1795.

Unidades gaussianas

A bandeira dos revolucionários franceses, no que se referia a padronização das unidades de medida, foi levantada por Gauss em 1832. Ele sugeriu a adoção dessas três unidades de medida (metro, quilograma e segundo) como um padrão para as medições físicas. De acordo com a segunda lei de Newton, a força é a massa vezes a aceleração. Como a aceleração é a variação da velocidade ao longo do tempo, e a velocidade é a variação da posição, então uma força qualquer poderia ser descrita por meios das três unidades básicas.[2]

Gauss foi o primeiro a fazer medições absolutas da força magnética da Terra, usando as unidades básicas. Para obter números mais "amistosos", acabou optando por usar o centímetro, o grama e o segundo para expressar suas medições. Ele e Weber fizeram também medições diretas de fenômenos elétricos.

O uso dessas quantidades na eletricidade e no magnetismo foi popularizado nos anos 1860 por Maxwell e Kelvin, que eram membros ativos da Associação Britânica para o Avanço da Ciência (BAAS, da sigla em inglês). Eles apresentaram à Associação um pedido formal para a criação de um sistema coerente que contivesse unidades básicas e unidades derivadas, e em 1874 instituiu-se o sistema CGS (centímetro, grama, segundo), também chamado de sistema gaussiano.

Independentemente disso, em 20 de maio de 1875 foi formado na França o Comitê Internacional para Pesos e Medidas (CIPM), que estabeleceu como unidades básicas o metro, o quilograma e o segundo. Dezessete países assinaram o acordo, conhecido como Convention du Mètre. Em 1901 surgiu a idéia de incorporar uma unidade elétrica à base do sistema internacional, mas isso só seria ratificado em 1946.

As unidades elétricas, chamadas "internacionais", foram oficialmente criadas pelo Congresso Internacional de Eletricidade de 1893 em Chicago. A unidade de corrente elétrica foi batizada de ampère, em homenagem ao francês André Marie Ampère, e a unidade de resistência elétrica foi nomeada ohm, em reconhecimento ao alemão Georg Gustav Ohm.

Essas unidades quando criadas, nada tinham a ver com o sistema internacional. Foi somente em 1948 que o "ampère internacional" foi substituído pelo "ampère absoluto", que havia sido definido em 1946 como: "a corrente constante que, se mantida em dois condutores paralelos de comprimento infinito, de seção-reta circular desprezível, e colocados a um metro um do outro no vácuo, produziria entre esses condutores uma força de 0,0000002 newtons por metro."

---

[2] Não por acaso, a unidade de força do sistema internacional chama-se newton e vale $1 kg.m/s^2$.

As outras três unidades básicas

Em 1954, quando a CGPM resolveu incorporar uma unidade de temperatura à base do sistema internacional, havia basicamente três escalas de temperatura em uso: a de Daniel Fahrenheit (graus Fahrenheit), a de Anders Celsius (graus Celsius, ou graus centígrados) e a de lorde Kelvin (graus absolutos, ou graus Kelvin). Como esta última tinha muito mais relevância física, foi adotada pela CGPM.

Criou-se em 1967 uma unidade própria, o kelvin (não mais graus kelvin), assim definida: "o kelvin, unidade de temperatura termodinâmica, é 1/273,16 da temperatura termodinâmica do ponto triplo da água".[3] A diferença de temperatura, no entanto, pode ser arbitrariamente expressa em graus Celsius ou em kelvins.

A candela, incorporada no mesmo ano que o kelvin, é uma unidade de intensidade luminosa. Inicialmente foi definida com base num radiador de Planck (corpo negro). Sua definição atual é a seguinte: "a candela é a intensidade luminosa, em uma dada direção, de uma fonte que emite radiação monocromática com 540 trilhões de hertz de freqüência e que tenha intensidade radiante naquela direção de 1/683 watt por esfero-radiano."

Por fim, a mais nova unidade base do SI, o mol, mede a quantidade de uma substância e foi definido em 1971: "o mol é a quantidade de substância de um sistema que contenha tantas entidades elementares quanto átomos em 0,012 quilogramas de carbono 12. Quando o mol for usado, as entidades elementares devem ser especificadas, podendo ser átomos, moléculas, íons, elétrons, outras partículas ou grupos específicos de tais partículas."

Essas sete unidades são as unidades base do sistema internacional, resumidas na tabela a seguir:

Grandeza física	Unidade	Símbolo
Comprimento	metro	m
Massa	quilograma	kg
Tempo	segundo	s
Corrente elétrica	ampère	A
Temperatura termodinâmica	kelvin	K
Intensidade luminosa	candela	cd
Quantidade de substância	mol	mol

[3] O "ponto triplo" de qualquer substância é o conjunto de condições de temperatura e pressão no qual essa substância pode estar, em equilíbrio, em seus três estados distintos (líquido, sólido e gasoso).

Outras unidades

Além das unidades base, há outros três tipos de unidades: as derivadas, as derivadas com nome próprio e as derivadas cujo nome inclui unidades derivadas com nome próprio. Alguns exemplos do primeiro grupo são a unidade de área (metro quadrado, m^2), velocidade (metro por segundo, m/s) e densidade (quilograma por metro cúbico, kg/m^3).

O segundo grupo, as unidades derivadas com nome próprio, abriga diversas homenagens. Por exemplo, a unidade de freqüência, o hertz (HZ = 1/S), em referência a Heinrich Hertz. Há ainda o newton, unidade de força ($N = m{\cdot}kg/s^2$), de Isaac Newton; o pascal, que mede pressão ($Pa = N/m^2 = kg/m{\cdot}s^2$), de Blaise Pascal; o joule, unidade de energia ($J = N{\cdot}m = m^2{\cdot}kg/s^2$), de James Joule; o watt, de potência ($W = J/s = m^2{\cdot}kg/s^3$), em homenagem a James Watt; o coulomb, unidade de carga elétrica ($C = s{\cdot}A$), de Charles Coulomb; e o volt, que mede a diferença de potencial elétrico ($V = W/A = m^2{\cdot}kg/s^3{\cdot}A$), em homenagem a Alessandro Volta. Há outras, como o lúmen (fluxo luminoso) e o esfero-radiano (ângulo sólido), que são derivadas, têm nomes próprios, mas não representam homenagem alguma.

Por fim, há as unidades que são derivadas e, não tendo nome próprio, possuem em seus nomes outras unidades derivadas. Por exemplo, a unidade de tensão superficial (Newton por metro, N/m) e a unidade de entropia (joule por kelvin, J/K).

Atenção para as unidades!

O sistema métrico é reconhecidamente o sistema oficial da Terra. Infelizmente, a maior potência do planeta recusa-se a adotá-lo. Os Estados Unidos insistem em perpetuar o sistema inglês (que nem é usado mais na Inglaterra), também chamado sistema imperial.[4] O maior problema com esse sistema é que as unidades, apesar de comensuráveis, não seguem lógica alguma. Se é óbvio relacionarmos o centímetro com o metro, e este com o quilômetro, como relacionar polegadas, pés, jardas e milhas?[5]

---

[4] Há duas outras nações onde o sistema métrico não é usado: a Libéria e Myanmar. Oficialmente, porém, apenas 51 países são signatários da Convenção do Metro. Ironicamente os Estados Unidos estão entre eles.

[5] Uma polegada vale 2,54cm. Doze polegadas formam um pé. Três pés são uma jarda. Uma milha tem 1.760 jardas (5.280 pés).

No dia 23 de setembro de 1999, a sonda espacial *Mars Climate Orbiter*, projetada para estudar o clima marciano, chocou-se violentamente com a atmosfera daquele planeta, sendo destruída. A causa do problema? Unidades trocadas! Os engenheiros da Nasa, que usa o sistema métrico, forneceram valores em newton, a unidade SI de força. Os engenheiros da Lockheed, que construíram a sonda, programaram seu computador para ler libras-força, a unidade do sistema imperial. Quando os números corretos (em newtons) foram interpretados pelo computador de bordo como sendo libras-força, a aproximação da nave com o planeta resultou num desastre.

O projeto inteiro havia custado 125 milhões de dólares! Isso traduz para os que não gostam de física a importância de um bom e universal sistema de unidades...

Você pode saber muito mais sobre o sistema internacional acessando os seguintes sites na internet: http://physics.nist.gov/cuu/Units/index.html e http://www.bipm.fr/.

Bibliografia

Quatro fontes me acompanharam ao longo de todo o caminho e foram muito importantes para que eu conseguisse organizar nomes, datas e acontecimentos. Os *Nascimentos da física* do professor José Maria Bassalo, o *Dictionary of scientists* de Oxford e a *Cronologia das ciências e das descobertas* de Asimov. Além disso contei com um site magnífico, da Escola de Matemática e Estatística da Universidade St. Andrews, na Escócia (http://www-groups.dcs.st-and.ac.uk/~history/).

ARISTÓTELES. *The Complete Works of Aristotle*. Princeton: Princeton University Press, 1995.

ARKANI-HAMED, N., S. Dimopoulus e G. Dvali. The Universe's unseen dimensions. *Scientific American,* v.283, n.2, agosto de 2000.

ASIMOV, I. *Cronologia das ciências e das descobertas*. Rio de Janeiro: Civilização Brasileira, 1993.

BAIERLEIN, R. *Newton to Einstein. The Trail of Light*. Cambridge: Cambridge University Press, 1992.

BARROSO, I. (org.). *"O Corvo" e suas traduções*. Rio de Janeiro: Lacerda, 2000.

BASSALO, J.M.F. *Nascimentos da física*. V.1. Belém: EDUSPA, 1996.

___. *Nascimentos da física*. V.2. Belém: EDUSPA, 2000.

BOYER, C. B. *História da matemática*. São Paulo: Edgard Blücher, 1989.

BRENNAN, R. *Gigantes da física*. Rio de Janeiro: Jorge Zahar, 1998.

CHERMAN, A. *Cosmo-o-quê?*. Rio de Janeiro: Fundação Planetário, 2000.

CHIAO, R.Y. *Tunneling Times and Superluminality. A Tutorial*. Preprint, quant-ph/9811019.

DALES, R.C. *The Scientific Achievement of the Middle Ages*. Philadelphia: University of Pennsylvania Press, 1989.

DANIELSON, D.R. *The Book of the Cosmos*. Cambridge: Helix Books, 2000.

DICTIONARY, A. of scientists. Oxford: Oxford University Press, 1999.

EINSTEIN, A. *Teoria da relatividade especial e geral*. Rio de Janeiro: Contraponto, 1999.

EUCLIDES. *The Thirteen Books of Euclid's Elements*. Nova York: Dover, 1956.

HALL, N. (org.). *The New Scientist Guide to Chaos*. Londres: Penguin Books, 1992.

HART, M.H. *The 100*. Nova York: Citadel Press, 1992.

HEATH, T.L. *Greek Astronomy*. Nova York: Dover, 1991.

HEY, T. e W. Patrick. *Einstein's Mirror.* Cambridge: Cambridge Univ. Press, 1997.

HOSKIN, M. (org.). *Cambridge Illustrated History. Astronomy*. Cambridge: Cambridge University Press, 1997.

LAIDLER, K.J. *To Light such a Candle*. Oxford: Oxford University Press, 1998.

LEDERMAN, L. *The God Particle*. Nova York: Delta Science, 1994.

MOTZ, L. e J.H. Weaver. *The Story of Physics*. Nova York: Plenum Press, 1989.

NEWTON, I. *Óptica*. São Paulo: Edusp, 1996.

___. *The Principia*. Berkeley: University of California Press, 1999.

O'BRIEN, R. *As máquinas*. Rio de Janeiro: José Olympio, 1974.

PAIS, A. *Sutil é o Senhor...* Rio de Janeiro: Nova Fronteira, 1995.

PULLMAN, B. *The Atom in the History of Human Thought*. Oxford: Oxford Univ. Press, 1998.

RICHARDS, E.G. *Mapping Time.* Oxford: Oxford University Press, 1998.

RIVAL, M. *Os grandes experimentos científicos*. Rio de Janeiro: Jorge Zahar, 1997.

STRATHERN, P. *Galileu e o sistema solar em 90 minutos*. Rio de Janeiro: Jorge Zahar, 1999.

___. *Newton e a gravidade em 90 minutos*. Rio de Janeiro: Jorge Zahar, 1998.

30 YEARS of supersymmetry. Theoretical Physics Institute Newsletter. V.1, n.2. Outono de 2000. Minneapolis.

WESTFALL, R.S. *Never at Rest*. Cambridge: Cambridge University Press, 1980.

Agradecimentos

Gostaria de agradecer a certas pessoas que tornaram este trabalho mais prazeroso. Mariana Zahar, André Telles e Ângela Vianna, que acreditaram na qualidade do meu trabalho sem ter muitas provas disso (e que nunca se importaram com a quantidade de e-mails que eu lhes mandava). Aos colegas do Planetário, todos eles, mas em especial aos astrônomos Fernando Vieira, Domingos Jorge Bulgarelli e Jorge Marcelino dos Santos Jr., que leram partes do manuscrito e deram muitas contribuições importantes; e também a Angela Maria Motta de Almeida, que sempre incentivou minha "veia literária". Aos meus queridos amigos Fábio Nascimento de Moraes, tradutor profissional que encarou alguns textos antigos para me ajudar, e Roberval Walsh de Bastos Rangel, colega dos tempos de faculdade, hoje um jovem doutor em terras alemãs. Ao 150º astrônomo formado pela UFRJ, Bruno Rainho Mendonça, amigo, colega e fiel escudeiro. Ao meu amigo (e futuro físico) Carlos Eduardo de Araújo Lima. Ao professor José Abdalla Helayel Neto, meu orientador de doutorado, que me incentivou neste desvio e muito me ajudou. Ao professor José Maria Filardo Bassalo, da UFPA, que mesmo sem me conhecer se pôs a minha disposição (nos conhecemos depois, uma grande felicidade para mim). Ao meu irmão André Luís, que me ensinou a ler, escrever e derivar polinômios. Aos meus pais, Jack e Isabel, que não me olharam de cara feia quando, em 1991, anunciei que ia fazer vestibular para astronomia. E um agradecimento especial à minha parceira de todas as horas, minha querida esposa Angélica, que agüentou alguns fins de semana enfurnada dentro de casa para que eu pudesse terminar o livro a tempo; a vida simplesmente não faria sentido sem ela.

A todos vocês, muito obrigado.

Este livro foi composto em Life BT e Lydian BT
e impresso pela Geográfica Editora, em fevereiro de 2004.